大话芯片

半導体産業のすべて
世界の先端企業から日本メーカーの展望まで

读懂芯片原理、周期、产业链
与技术趋势

[日]菊地正典 著
易京 敖孜蕾 敖金平 译

机械工业出版社
CHINA MACHINE PRESS

本书是从资深工程师独特的视角撰写的芯片（半导体）产业入门书，全面梳理其复杂的产业。

本书从近几年席卷全球的芯片危机谈起，讲解芯片发展周期与影响因素，再通过介绍曾经的半导体强国日本的兴衰与全球最新发展趋势，初步呈现芯片的发展现状。接着从芯片的制造过程解释芯片是如何诞生的，其中涉及哪些技术、材料与产业，进而说明芯片产业链上各关键节点的核心企业如何通过核心产品掌控产业链。

最后从半导体基本原理，到全方位应用场景，讨论芯片如何改变人们的生活，如何改变社会、经济格局，再到最后探索展望芯片新趋势、新材料、新应用、新技术，帮助读者在轻松阅读中全方位了解、熟悉芯片产业，搭建起芯片产业的多层次整体认知体系，从而了解产业、认识世界。

本书适合对芯片产业感兴趣的读者阅读和参考。

Handotai sangyo no subete
by Masanori Kikuchi
Copyright ©2023 Masanori Kikuchi
Simplified Chinese translation copyright2025 © by China Machine Press
All rights reserved.
Original Japanese language edition published by Diamond, Inc.
Simplified Chinese translation rights arranged with Diamond, Inc.
through Shanghai To-Asia Culture Communication Co., Ltd
此版本仅限在中国大陆地区（不包括香港、澳门特别行政区及台湾地区）销售。未经出版者书面许可，不得以任何方式抄袭、复制或节录本书中的任何部分。
北京市版权局著作权合同登记　图字：01-2024-2892号。

图书在版编目（CIP）数据

大话芯片：读懂芯片原理、周期、产业链与技术趋势 /（日）菊地正典著；易京，敖孜蕾，敖金平译.

北京：机械工业出版社，2025.8. -- ISBN 978-7-111-78975-8

Ⅰ. F416.63

中国国家版本馆CIP数据核字第2025RZ3684号

机械工业出版社（北京市百万庄大街22号　邮政编码100037）
策划编辑：林　桢　　责任编辑：林　桢　间洪庆
责任校对：张爱妮　　封面设计：鞠　杨
责任印制：李　昂
涿州市京南印刷厂印刷
2025年9月第1版第1次印刷
170mm×230mm · 12.5印张 · 233千字
标准书号：ISBN 978-7-111-78975-8
定价：89.00元

电话服务　　　　　　　　网络服务
客服电话：010-88361066　机 工 官 网：www.cmpbook.com
　　　　　010-88379833　机 工 官 博：weibo.com/cmp1952
　　　　　010-68326294　金 书 网：www.golden-book.com
封底无防伪标均为盗版　机工教育服务网：www.cmpedu.com

最近，媒体讨论的话题很多是关于半导体的。但是，感叹"半导体这个词听说过，实际上并不理解"的人应该不在少数。

半导体已经广泛地深入到人们的生活中，不仅支撑着个人生活，也支撑着企业、社会的基础。而且，从地缘政治学的角度来说，从过去到现在，半导体作为"最重要的战略物资"这种色彩在不断地变浓。

尽管半导体具有各种各样的"面目"，本书主要从产业（半导体产业）的视角开始，旨在使一般大众、与半导体（产业）多少有点关系的人们、学生、金融从业者，以及从事投资的人们，感受到半导体产业的现状，并在学习过程中得到某些帮助。

本书首先从半导体近几年面临的全球环境开始，慢慢地将视线拉近细节的同时，不断解开"复杂层面的半导体产业的构造"，追踪各个关联行业及其业务内容。尽管统称为"半导体产业"，实际上是涉及非常多的关联公司的集合体。仅仅是立刻能联想到的公司就有

- 半导体制造商（成品制造商）。
- 制造设备制造商。
- 测试、检查仪器制造商。
- 搬运机器制造商。
- 材料制造商。
- 零件制造商。
- 设计工具制造商。

但是，这还不够，还有

- 代工（Foundry）公司——专门受托生产专业工艺的一部分。
- 设计（Fabless）公司——没有设备部门，仅从事设计、开发获取利益。
- OSAT 公司——承接从封装到测试的后道工序。

由很多专门的行业构成。

所以，本书按照半导体的制造工程，就半导体产业相关公司针对相关工程、如何设计、分别承担了什么业务、使用了什么种类的设备和材料、各行业的代表性公司等问题，尽量试着浅显易懂地进行讲解说明。

尽管不知道我的意图和目的能否实现，但如果读者能够稍微对半导体产生亲近感，感叹"哦，原来是这样啊"，或者在实际工作中起到作用的话，我将不胜喜悦。

最后，对在本书写作期间，每日给予热情的支持、鼓励的松田叶子女士再次表示感谢之意。

菊地正典

半导体制造商和主要产品清单

❶ IDM 公司

公司名称（所属地）	主要产品
英特尔（Intel）（美国）	MPU（微处理器）、NOR 闪存、GPU（图形处理器）、SSD（固态硬盘）、芯片组
三星电子（韩国）	存储器（DRAM、NAND 闪存）、图像传感器
SK 海力士（韩国）	存储器（DRAM、NAND 闪存）
德州仪器（TI）（美国）	DSP（数字信号处理器）、MCU（微控制器）
英飞凌科技（德国）	MCU、LED 驱动器、传感器
铠侠（KIOXIA）（日本）	存储器（NAND 闪存）
意法半导体（ST）（瑞士）	MCU、ADC（模／数转换器）
索尼（日本）	图像传感器
恩智浦（NXP）（荷兰）	MCU、ARM 内核
西部数据（美国）	存储器（NAND 闪存、SSD）

❷ Foundry（晶圆代工厂模式）公司

公司名称（所属地）	近期全球市场份额
台积电（TSMC）（中国）	56%
三星电子（韩国）	16%
联华电子（UMC）（中国）	7%
格罗方德（美国）	6%
中芯国际（中国）	4%

（续）

公司名称（所属地）	近期全球市场份额
世界先进集成电路（VIS）（中国）	2%
华虹（中国）	2%
高塔半导体（以色列）	1%
力积电（PSMC）（中国）	1%
东部高科（Dongbu Hitek）（韩国）	1%

❸ Fab-Lite（轻晶圆厂模式）公司

公司名称（所属地）	主要产品
德州仪器（TI）（美国）	模拟 IC、DSP、MCU
赛普拉斯（Cypress）（美国）（2020 年成为英飞凌的子公司）	NOR 闪存、MCU、模拟 IC、PMIC 和其他 MCU、语音 IC、音频 IC
瑞萨电子（日本）	汽车半导体、PMIC、MCU
松下（日本）	MCU、LED 驱动器、音频 IC

❹ Fabless（无晶圆厂模式）公司

公司名称（所属地）	主要产品
高通（美国）	基于 ARM 的 CPU 架构（骁龙）、移动 SoC
博通（美国）	无线（宽带）、通信基础设施
英伟达（美国）	GPU、移动 SoC、芯片组
联发科技（中国）	用于智能手机的处理器
AMD（美国）	嵌入式处理器、计算机、GPU、MCU
海思（中国）	ARM 架构 SoC、CPU、GPU
赛灵思（Xilinx）（美国）	基于 FPGA 的可编程逻辑器件
美满电子（Marvell）（美国）	网络系统
信芯（MegaChips）（日本）	游戏机
赛恩电子（THine Electronics）（日本）	接口

❺ 大型 IT 公司

公司名称（所属地）	主要产品
谷歌（美国）	用于机器学习的处理器 TPU（张量处理器）
苹果（美国）	应用程序、处理器
亚马逊（美国）	人工智能（AI）芯片
Meta（原 Facebook）（美国）	人工智能（AI）芯片
思科（美国）	网络处理器
诺基亚（芬兰）	基站用半导体

❻ OSAT 制造商

公司名称	所属地
日月光（ASE）	中国
安靠科技（Amkor）	美国
长电科技（JCET）	中国
矽品精密（SPIL）	中国
力成科技（PTI）	中国
华天科技（HuaTian）	中国
通富微电（TFMC）	中国
京元电子（KYEC）	中国

❼ EDA 供应商

公司名称（所属地）	主要产品
楷登电子（Cadence）（美国）	EDA 三强，通用软件和硬件（强项是模拟方面）
新思科技（Synopsys）（美国）	EDA 三强，通用软件和硬件（强项是逻辑综合方面）
明导（Mentor）（美国）（2021 年被西门子收购）	EDA 三强，通用软件和硬件
Aldec（美国）	Active-HDL
绩达特（JEDAT）（日本）	SoC
PROTOTYPING Japan（日本）	FPGA
Soliton（日本）	嵌入式系统

（续）

公司名称（所属地）	主要产品
Keysight（日本）	PCB 设计
CATS（日本）	嵌入式开发工具
西门子 EDA（德国）	设计自动化软件和硬件（系统整合）
图研（zuken）（日本）	PCB
Vennsa（加拿大）	网络 / 移动解决方案
Silvaco（美国）	设计自动化解决方案

❽ IP 供应商

公司名称（所属地）	主要产品
安谋（ARM）（英国）	设计并授权用于从嵌入式设备、低功耗应用到超级计算机等各种设备的架构
新思科技（Synopsys）（美国）	成熟的 IP 解决方案组合，适用于业界广泛使用的接口规范
楷登电子（Cadence）（美国）	IP 内核，如基于 Tensilica 的 DSP 内核系列、高级存储器接口内核系列和高级串行接口内核系列
Imagination（英国）	用于移动应用的 GPU 电路 IP
Ceva（美国）	信号处理、传感器融合、人工智能处理器 IP
SST（美国）	一种分路栅极嵌入式闪存 IP，用于许多微控制器产品，该公司将其称为超级闪存
芯原（中国）	图像信号处理器 IP
Alpha Wave（加拿大）	多标准连接 IP 解决方案
力旺电子（eMemory）（中国）	提供四种重写次数不同的非易失性存储器 IP
Rambus（美国）	SDRAM 模块中的 Rambus DRAM、低功耗和多标准连接性 SerDes IP 解决方案

❾ MEMS 制造商

公司名称（所属地）	主要产品
博通（美国）	RF MEMS
博世（德国）	MEMS 传感器
意法半导体（ST）（瑞士）	温度传感器、麦克风、触摸传感器、测距传感器

（续）

公司名称（所属地）	主要产品
德州仪器（TI）（美国）	MEMS 反射镜、温度传感器、磁传感器、光学传感器
惠普（HP）（美国）	加速度计、地震传感器、喷墨打印机 MEMS
Carbo（美国）	RF MEMS、致动器
TDK（日本）	MEMS 麦克风、压力传感器、气压传感器、加速度传感器、超声波传感器
村田制作所（日本）	加速度传感器、麦克风、陀螺仪传感器、倾角传感器
松下（日本）	陀螺仪传感器、MEMS 压敏开关
旭化成（AKM）（日本）	磁传感器、超声波传感器
佳能（Canon）（日本）	各种微型机械、打印头
太阳诱电（TAIYO YUDEN）（日本）	压电驱动器、弹性波滤波器
阿尔卑斯阿尔派（Alps Alpine）（日本）	气压传感器、湿度传感器
爱普生（Epson）（日本）	振动传感器、加速度传感器、打印头

❿ 晶圆制造商

公司名称（所属地）	近期全球市场份额
信越化学（日本）	31%
胜高（SUMCO）（日本）	24%
环球晶圆（中国）	18%
SK Siltron（韩国）	14%
NIPPON FILCON（日本）	—
SK Electronics（韩国）	—

⓫ 化合物半导体衬底制造商（日本公司）

公司名称	主要产品
住友电工	GaAs、InP、GaN
住友金属矿山	GaP、InP
力森诺科（Resonac）	GaP、InP
信越半导体	GaAs、GaP、SiC
三菱化学	GaAs

（续）

公司名称	主要产品
博迈立铖（原日立金属）	GaAs
同和控股（DOWA）	GaAs
JX 金属	InP、CdTe
日亚化学	GaN
丰田合成	GaN

⓬ 制造设备制造商

公司名称（所属地）	主要产品
应用材料（AMAT）（美国）	刻蚀、CVD、CMP、ALD、溅射、电镀
阿斯麦（ASML）（荷兰）	校准器、扫描仪、EUV
东京电子（日本）	涂胶机、显影机、CVD、刻蚀、ALD
泛林集团（Lam Research）（美国）	刻蚀、沉积、清洗
KLA（美国）	制造检测设备（工艺参数、工艺控制、智能生产线监控器）
爱德万测试（日本）	测试仪、电子束直接写入
斯库林（SCREEN）（日本）	涂胶机、显影机、湿式清洗机
东京精密（日本）	切片机、CMP、探针
昕芙旎雅（SINFONIA）（日本）	搬运系统
日立高新技术（日本）	电子束直接写入、显微镜（SEM、TEM、AFM）
泰瑞达（Teradyne）（美国）	测试仪
ASM 国际（荷兰）	ALD、CVD
尼康（Nikon）（日本）	分步投影光刻机
日立国际电气（日本）	热加工设备、外延设备
大福（Daifuku）（日本）	搬运系统
佳能（Canon）（日本）	分步投影光刻机
迪思科（DISCO）（日本）	切片机、研磨机
爱发科（ULVAC）（日本）	溅射设备

（续）

公司名称（所属地）	主要产品
楷捷（KAIJO）（日本）	键合机
RORZE（日本）	晶圆传输机
SpeedFam（日本）	磨床
纽富来科技（NuFlare）（日本）	电子束掩模写入机

⓭ 气体生产商（日本公司）

公司名称	主要产品
大阳日酸	沉积、掺杂
AIR WATER	沉积、清洗、刻蚀
关东化学	刻蚀、清洗（特别是氟气）
力森诺科	刻蚀、沉积
大金工业（DAIKIN）	刻蚀
瑞翁（Zeon）	刻蚀
住友精化	沉积、刻蚀、掺杂、外延生长
中央硝子	沉积、清洗
岩谷产业（Iwatani）	工业气体（O_2、N_2、Ar）、材料气体（H_2、He、CO_2）
三井化学（Mitsui）	刻蚀
关东电化工业	刻蚀、清洗
艾迪科（ADEKA）	刻蚀、沉积

⓮ 气体生产商（日本以外）

公司名称	主要产品
空气产品（APD）（美国）	材料气体（如 H_2）
液化空气（Air Liquide）（法国）	特殊气体（如 SiH_4）
SK Materials（韩国）	刻蚀
厚成（Foosung）（韩国）	特殊气体

⓯ 化学品制造商（日本公司）

公司名称	主要产品
STELLA CHEMIFA	氢氟酸、氢氟酸缓蚀剂
住友化学	硫酸、硝酸、氨水
关东化学	各种酸、氨水、双氧水、氟化铵
日本化药	MEMS 用抗蚀剂
东京应化工业	显影液、剥离液
三菱瓦斯化学	刻蚀
三菱化学	清洗液
大金工业（DAIKIN）	刻蚀（氢氟酸等）
森田化学	刻蚀
德山（Tokuyama）	显影液
富士胶片和光纯药	清洗液

⓰ 化学品制造商（日本以外）

公司名称	主要产品
巴斯夫（BASF）（德国）	清洗液
LG 化学（韩国）	清洗液

⓱ 热氧化炉制造商

公司名称	所属地
东京电子	日本
KOKUSAI ELECTRIC	日本
ASM 国际	荷兰
大仓电气	日本
Tempress	荷兰
JTEKT Thermo Systems	日本

⓲ CVD 设备制造商

公司名称	所属地
应用材料（AMAT）	美国
泛林集团（Lam Research）	美国
东京电子	日本
ASM 国际	荷兰
日立国际电气	日本
周星工程	韩国
日本 ASM	日本

⓳ ALD 设备制造商

公司名称	所属地
应用材料（AMAT）	美国
泛林集团（Lam Research）	美国
英特格（Entegris）	美国
Veeco	美国
东京电子	日本
倍耐克（Beneq Oy）	芬兰
ASM 国际	荷兰
Picosun	芬兰

⓴ 电镀设备制造商

公司名称	所属地
荏原制作所	日本
东设（Tosetz）	日本
东京电子	日本
应用材料（AMAT）	美国
诺发系统（Novellus）	美国
EEJA	日本
日立电力解决方案	日本

㉑ 光刻胶涂胶机制造商

公司名称	所属地
东京电子	日本
斯库林（SCREEN）	日本
SEMES	韩国

㉒ 光刻胶制造商（日本公司）

公司名称	近期全球市场份额
JSR	27%
东京应化工业	24%
信越化学	17%
住友化学	14%
富士胶片	10%

㉓ 光刻机设备制造商

公司名称	所属地
阿斯麦（ASML）	荷兰
尼康（Nikon）	日本
佳能（Canon）	日本

㉔ 干法刻蚀设备制造商

公司名称	所属地
泛林集团（Lam Research）	美国
东京电子	日本
应用材料（AMAT）	美国
日立高新技术	日本
莎姆克（Samco）	日本
芝浦机电（Shibaura）	日本

㉕ 湿法刻蚀设备制造商

公司名称	所属地
斯库林（SCREEN）	日本
泛林集团（Lam Research）	美国
Japan Create	日本
MIKASA SHOJI	日本

㉖ 离子注入机制造商

公司名称	所属地
汉辰科技（AIBT）	美国
阿姆科技（ASYS）	美国
应用材料（AMAT）	美国
Axcelis	美国
日新电机	日本
住友重机械	日本
爱发科（ULVAC）	日本

㉗ CMP 设备制造商

公司名称	所属地
应用材料（AMAT）	美国
荏原制作所	日本
SpeedFam	美国
泛林集团（Lam Research）	美国
Strasbaugh	美国

㉘ 研磨液制造商

公司名称	所属地
卡博特（Cabot）	美国
富士胶片	日本
FUJIMI	日本

（续）

公司名称	所属地
力森诺科（Resonac）	日本
巴斯夫	德国
NITTA DuPont	日本
JSR	日本
凸版印刷（TOPPAN）	日本
空气产品（APD）	美国

❷❾ 快速热退火设备制造商

公司名称	所属地
Advance Riko	日本
牛尾电机（USHIO）	日本
JTEKT Thermo Systems	日本
Mattson Technology	美国

❸⓪ 探针台制造商

公司名称	所属地
东京电子	日本
东京精密	日本
Micronics Japan（MJC）	日本
Tiatech	日本
Opto System	日本

❸❶ 测试仪制造商

公司名称	所属地
爱德万测试	日本
泰瑞达（Teradyne）	美国
安捷伦	美国
TESEC	日本
Spandnix	日本
芝测（ShibaSoku）	日本

㉜ 晶圆传输设备制造商

公司名称	所属地
村田机械	日本
大福（Daifuku）	日本
RORZE	日本
昕芙旎雅（SINFONIA）	日本

㉝ 晶圆检测设备制造商

公司名称	所属地
KLA	美国
应用材料（AMAT）	美国
阿斯麦（ASML）	荷兰
日立高新技术	日本
Lasertec	日本
纽富来科技（NuFlare）	日本

㉞ 切割机制造商

公司名称	所属地
迪思科（DISCO）	日本
东京精密	日本
Apic Yamada	日本

㉟ 引线框制造商

公司名称	所属地
三井高科技	日本
新光电气工业	日本
ASM 太平洋科技（ASMPT）	新加坡
长华科技	中国
先进封装材料国际（AAMI）	中国
海成 DS	韩国

❸❻ 贴片机制造商

公司名称	所属地
Besi	荷兰
ASM 太平洋科技（ASMPT）	新加坡
K&S	新加坡
Palomar	美国
新川（SHINKAWA）	日本

❸❼ 键合线制造商

公司名称	所属地
ASM Assembly	荷兰
泰时自动系统（DIAS）	中国
K&S	新加坡
新川（SHINKAWA）	日本
涩谷工业（SHIBUYA）	日本

❸❽ 热塑性塑料制造商

公司名称	所属地
力森诺科（Resonac）	日本
揖斐电（IBIDEN）	日本
长濑（Nagase）	日本
住友电木（Sumitomo Bakelite）	日本

❸❾ 树脂灌封机制造商

公司名称	所属地
TOWA	日本
ASM 太平洋科技（ASMPT）	新加坡
Apic Yamada	日本
I-PEX	日本
岩谷产业（Iwatani）	日本

❹ 溅射设备制造商

公司名称	所属地
应用材料（AMAT）	美国
爱发科（ULVAC）	日本
Canon Anelva	日本
北方华创	中国
芝浦机电（Shibaura）	日本
东横化学	日本
日本 ASM	日本

❹ 溅射靶材制造商（日本公司）

公司名称	主要产品
JX 金属	Ti、Cu、Cu 合金、Ta、W
东芝材料（2024 年退出该领域）	Cu、Cu 合金
Furuuchi Chemical	Al、Ni、Cu、ITO
高纯度化学研究所	Al、Co、Cu、In
爱发科（ULVAC）	W、Co、Ni、Ti、硅化物
三井金属矿业	ITO、IZO、IGZO
大同特殊钢	Ni、Ti、Cu、Cr、Al

❹ 超纯水生产商（日本公司）

公司名称	注释
奥加诺（Organo）	在全球市场占有率较高
野村微科学（Nomura Micro Science）	在韩国市场占有率第一
栗田工业（Kurita）	日本最大的水处理专业公司

❹ 掩模版检测设备制造商（日本公司）

公司名称	主要产品
Lasertec	EUV 掩模版、DUV 掩模版
纽富来科技（NuFlare）	DUV 掩模版
堀场制作所	掩模版
斯库林（SCREEN）	掩模版

Contents 目录

芯片的环境和芯片产业的整体情况

1.1 芯片产量不足及其原因

▶ 半导体不足导致出货推迟

最近，"半导体"这个词不断出现在电视、报纸和杂志等场合。理由是，半导体的不足，不仅影响经济界和工业界，还极大地影响了大部分人的日常生活——从这个意义上讲，吸引了人们非常广泛的关注。

例如，"想换车，但经销商说，由于半导体不足，即使等几个月也不能保证交货""热水器坏了急需买新的，但由于缺乏半导体，新品无法交付"等，这种事情并不罕见。

因此，半导体不足变成了迄今为止与半导体没有任何关联的人们的切身问题。所以，越来越多的人开始提出一个质朴的问题，"最近关于半导体的讨论似乎很多，但究竟什么是半导体呢？"

对于从事半导体产业多年的我来说，很高兴看到公众对半导体的认知在不断提高。反之，我也为半导体不足对普通大众所造成的不便感到遗憾。

可是，导致这种半导体不足情况的背后原因和理由是什么？正如各行各业的人们已经思考和讨论的那样，答案并不简单，因为这种情况的背后包含着社会、经济和政治因素等非常复杂的关系。那么我们稍微来看看这些因素（见图 1-1）。

社会原因

2020年之前	移动通信系统向5G快速过渡 一般市场向数字化推进
2020年春之后	居家办公、远程工作、居家长时间化等生活方式的变化 ↓ 对于计算机、智能手机和游戏机等的需求扩大
2021年2月中旬	美国得克萨斯州奥斯汀市的寒潮导致停电 ↓ 当地半导体工厂停产数周
2021年2月	台积电所在地区出现水资源严重不足 ↓ 代工厂台积电减产
2021年3月	瑞萨电子半导体工厂火灾 ↓ 停产三个月以上
2021年4、5月	发电厂事故导致台积电电力供应不足

经济原因

2020年之前	5G过渡，云计算普及，数字化推进 ↓ 半导体需求大于供给
2020年春之后	笔记本计算机、游戏机等电池供电的电子设备的需求增长 ↓ 电源管理IC不足
	计算机、电视机等显示屏的需求增长 ↓ 驱动IC不足
	工厂运营缩短/暂停、物流停滞等 ↓ 半导体供应链混乱
	到2020年初，汽车需求下降
	相对破旧不堪的车载产品生产线转向家电等产品
	2020年秋之后汽车行业快速恢复时，由于车载半导体（MCU等）的不足，在2021年各家汽车公司开始减产或停产

政治原因

2020年8月	美国对华为的打压限制 ↓ 半导体和相关材料的进出中断
2020年12月	美国对中国代工厂公司在半导体制造设备和材料的打压限制 中国深圳市集装箱货运港口临时关闭 ↓ 半导体供应链中断

图 1-1 半导体不足的原因

▶ 社会原因——5G 和 DX 浪潮

首先，有人指出半导体不足的主要原因是"2020 年春季开始严重化的全球性公共卫生事件的影响"。但其实在这之前也存在着半导体不足的情况。这是由于随着向第五代移动通信系统（5G）的快速过渡和一般市场的 DX（数字化转型）发展，造成了这种以半导体的不足为核心的状况。

在这种情况中，随着居家办公和远程工作的普及和扩大，人们居家时间的长时间化引起的生活方式的变化，提高了人们对计算机、手机和游戏机等电子设备的需求，这就是将半导体不足的原因归结于此的内在逻辑。

并且，自然灾害和世界各地半导体工厂的事故加剧了半导体的不足。

2021 年 2 月中旬，美国得克萨斯州奥斯汀市遭遇严重寒潮袭击，导致电力供应中断。这迫使当地的三星电子、恩智浦（NXP）和英飞凌科技的半导体工厂停产数周以上。

同样，2021 年 3 月，日本茨城县常陆那珂市的瑞萨电子半导体制造有限公司（瑞萨电子的生产子公司）N3 栋（300mm 晶圆生产线）发生了火灾，导致停产三个月以上。该生产线主要生产车载微控制器（Micro Controller Unit，MCU）。这次火灾事故对汽车制造商的供应链造成了极大影响。

2021 年 2 月，由于当地出现了严重干旱，迫使半导体代工行业的领先公司台积电，以及联华电子和世界先进集成电路（VIS）等主要制造工厂减少生产。同年 4 月到 5 月当地又发生了电厂事故，导致电力供应不足，更使情况雪上加霜。

▶ 经济原因——供需失衡

半导体不足无非就是需求大于供给。实际上，半导体供需不平衡的情况在 2020 年之前就已经存在了。

究其原因，主要是智能手机向 5G 的转变、云计算的普及以及数字化程度的提高这股潮流。

首先刺激需求增加的是被称为"电源管理 IC"的半导体产品。这些产品用于为笔记本计算机和电子游戏机等小型由电池驱动的电子设备供电。

其次，从 2020 年春季开始，"驱动 IC"也出现不足。这些半导体产品用于驱动个人计算机、液晶显示器、电视机和有机电致发光显示器中的像素。

另一方面，半导体供给体系紧张的理由还有制造工厂工作时间的缩短或者停工，再加上物流不畅引起的生产零部件供应困难，导致供应链混乱。这对半导体的供应体系产生了很大的影响。

此外，由于对汽车用半导体的需求在 2020 年初之前一直在下降，相对"传统技术（成熟制程）"（不是最先进的技术，而是使用稍老的技术）的汽车生产线被重新分配到消费电子产品等其他应用的半导体生产中。然而，从 2020 年秋季开始，汽车市场迅速复苏，导致汽车发动机控制普遍使用的 MCU（微控制器）

等半导体的不足。因此，各汽车公司被迫在 2021 年 1 月削减产量，甚至停产。

▶ 政治原因——中美经贸摩擦

作为对华为打压限制的一个环节，美国于 2020 年 8 月出台了完全限制华为采购美国半导体和零部件的措施。华为将海思设计的大部分半导体生产交给台积电。同年 12 月，美国对中芯国际等代工公司也发起了半导体生产零部件的限制。此外，中国深圳的一个港口临时关闭，导致半导体相关供应链暂时中断。

1.2　芯片产量不足的影响有多严重

被称为"产业之米"的半导体，无论是工业用途还是消费用途，例如从汽车、计算机到洗衣机、电冰箱等，广泛用于各种设备和产品中。如今，可以说"很难找到不使用半导体的产品"。只要是稍微具有智能功能的设备，可以说"必定"安装了半导体。

本节将介绍受半导体不足影响尤为严重的行业和产品（见图 1-2）。

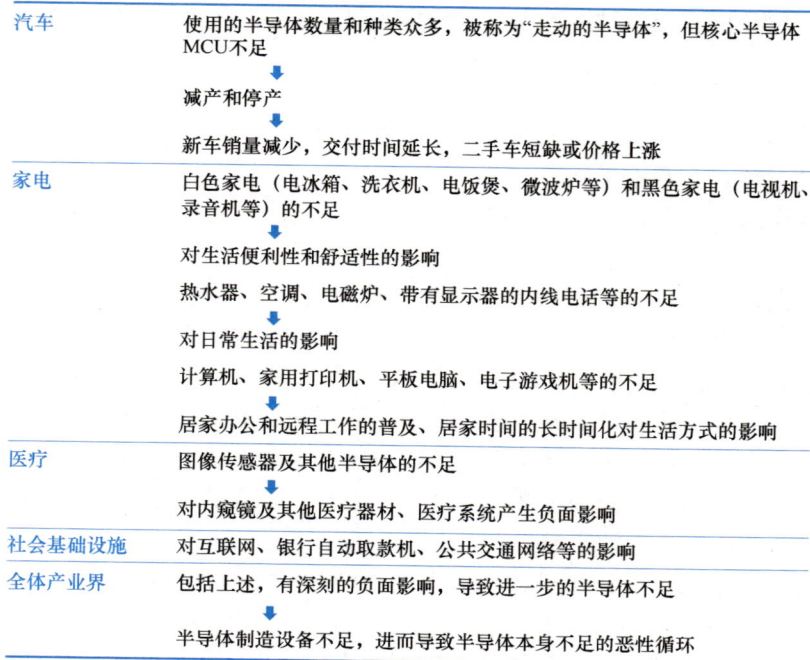

汽车	使用的半导体数量和种类众多，被称为"走动的半导体"，但核心半导体 MCU 不足
	↓
	减产和停产
	新车销量减少，交付时间延长，二手车短缺或价格上涨
家电	白色家电（电冰箱、洗衣机、电饭煲、微波炉等）和黑色家电（电视机、录音机等）的不足
	对生活便利性和舒适性的影响
	热水器、空调、电磁炉、带有显示器的内线电话等的不足
	对日常生活的影响
	计算机、家用打印机、平板电脑、电子游戏机等的不足
	居家办公和远程工作的普及、居家时间的长时间化对生活方式的影响
医疗	图像传感器及其他半导体的不足
	对内窥镜及其他医疗器材、医疗系统产生负面影响
社会基础设施	对互联网、银行自动取款机、公共交通网络等的影响
全体产业界	包括上述，有深刻的负面影响，导致进一步的半导体不足
	半导体制造设备不足，进而导致半导体本身不足的恶性循环

图 1-2　半导体不足的影响

▶ 对汽车、家电的极大影响

受影响最大的是汽车行业。近年来，汽车甚至被称为"移动的半导体"，因为其使用的半导体的数量和种类繁多。据说半导体的成本占了汽车成本的百分之十几以上。

特别是用于发动机控制的核心半导体 MCU 的不足给全球汽车制造商造成了减产和停产这样的严重打击。结果，新车销量下降、汽车交付时间延长，进而造成二手车短缺和价格上涨。

不仅是汽车行业，家电行业也受到了极大的影响。所谓"白色家电"，如电冰箱、洗衣机、电饭煲和微波炉，以及通常外观为黑色的"黑色家电"，如电视机、录像机等都供不应求，造成供货困难和开发周期变长。

其他与日常生活直接相关的物品，例如，热水器基本无法购买和修理，空调器、电磁炉和带有显示器的内线电话也很难拿到手。

话说回来，在家用电器方面所使用的半导体并不先进，都是使用十几二十年前的传统技术制造的半导体。因此，这样的半导体不足对于家电和半导体制造商来说是个意外吧。

▶ 半导体本身的不足导致"半导体制造设备的不足"，从而导致恶性循环

另一个重大影响是，居家办公和远程工作的激增，或因居家的需求增加，导致个人计算机、家用打印机、平板电脑和电子游戏机的需求增加。

在医疗领域，内窥镜用半导体（图像传感器）也出现不足，其他医疗设备和医疗系统相关产品也受到影响。

还有互联网、银行自动取款机和公共交通网络等社会基础设施受到的影响也不少。

具有讽刺意味的是出现了恶性循环：半导体不足导致半导体制造设备的不足，而制造设备不足又导致半导体本身不足。

因此，半导体的不足不仅妨碍了人们日常生活的便利性、舒适性和娱乐性，也严重影响了人们的安全性和生命本身。

在这种情况下，一项调查显示，回答其生产或商品、服务供应受到半导体不足影响的 115 家公司中，86 家属于制造业（株式会社帝国数据银行，"上市公司'半导体不足'的影响和应对措施调查"，2021 年 8 月）。

我们现在知道，半导体不足将使人们的生活和公司的生产活动陷入困境。

▶ 半导体不足的恢复将参差不齐

2020 年下半年开始的半导体不足会持续到什么时候呢？

2022 年 12 月，或许是因为已经过了将近两年时间，与以前相比情况在逐步改善。然而，智能手机、汽车、部分家电产品使用的半导体的不足问题还在被媒体大肆宣扬。

那么，半导体的不足问题何时才能解决呢？关于这一点，当时人们有着各种不同的看法、见解与推测。有人说 2022 年将恢复，也有人推测会持续到 2024 年。

我自己认为，供需平衡的恢复将是"参差不齐"的。换句话说，我认为半导体的复苏模式将根据采用先进技术的半导体与采用传统技术的半导体的差异，以及面向新应用半导体与面向传统应用半导体的差异而有所不同。

具体而言，我认为拥有先进技术的半导体从 2024 年起才将会复苏。这些先进半导体的新应用领域包括：EV（电动汽车）、自动驾驶汽车、IoT（物联网）、AI（人工智能）、AR/VR（增强现实 / 虚拟现实）、元宇宙和通信基础设施（5G 和 B5G（Beyond 5G））。针对这些产品，主要半导体制造商在 2020 年之后投资了生产线。不过，我认为这些生产线要真正投入运行并能够充足地向市场上供应最先进半导体，要到 2024 年后。

另一方面，在谈不上先进的传统技术的延伸线上使用半导体的领域，如传统的汽车、家用电器、移动终端设备、数据中心和数字化转型（DX）等，除了个别领域，随着半导体市场的扩张，对于半导体的需求也在不断扩大。

此外，考虑到中美经贸摩擦和俄乌冲突等不稳定的政治和经济形势，也要确保和确立作为战略产品的半导体供应链。

同时必须考虑的是使用传统技术半导体的利润率低于先进技术的半导体。这也意味着，制造商在这一领域投入大量资源时会犹豫不决。需求降低和通货膨胀导致的智能手机和其他产品替代需求的增减等因素也将影响未来的供需前景。

因此，在这些领域应该预先考虑到半导体产品之间会存在参差不齐的现象，即会存在 2022 年期间那样相对较短的时间内实现平衡的半导体领域，还有至少在 2024 年之前供应难以跟上需求的半导体领域的混合情况存在。

2020 年年初到 2022 年出现的半导体极度不足的情况自 2022 年年中风向开始逐渐改变。2022 年 12 月上旬，除汽车半导体和功率半导体外，半导体的总体供需失衡问题已因库存调整和部分产品市场增长缓慢而得到解决。

根据 WSTS（世界半导体市场统计）和美国高德纳（Gartner）公司等研究机构的预测，预计 2022 年半导体市场将同比增长 4.4%，低于最初的预测。这主要是由于与美国、欧洲和日本的 10%~17% 增长率相比，占总量接近 60% 的亚太地区的增长率在 2% 左右。相比之下，预计 2023 年将出现负增长，其部分原因是 2023 年上半年的调整期的影响。

不过我认为，2023 年下半年至 2024 年的市场状况得到了明显的改善。这个背景是随着数字化转型和人工智能的发展、物联网的普及、节能等因素以及第 6 章将要讨论的新市场的出现。

半导体不足或供过于求的问题并非是只在 2020~2022 年发生的特有问题，而是半导体产业长期以来反复出现的问题。

虽然这里介绍的案例研究是基于 2022 年的，但我希望它能帮助您了解如何看待这一情况，以及在未来出现类似问题时如何应对。

1.3　半导体产业发展回顾

现在我们来回顾一下半导体产业在"全球半导体市场的演变"方面所经历的路程。

▶ 规模超过汽车行业

图 1-3 显示了从 1985 年到 2021 年全球半导体市场的年度演变情况。从图中可以看出，全球半导体市场每年都有一些波动。但从宏观角度来看，它一直在往右上角稳定增长。到 2021 年，已成为一个 5529 亿美元的大市场。

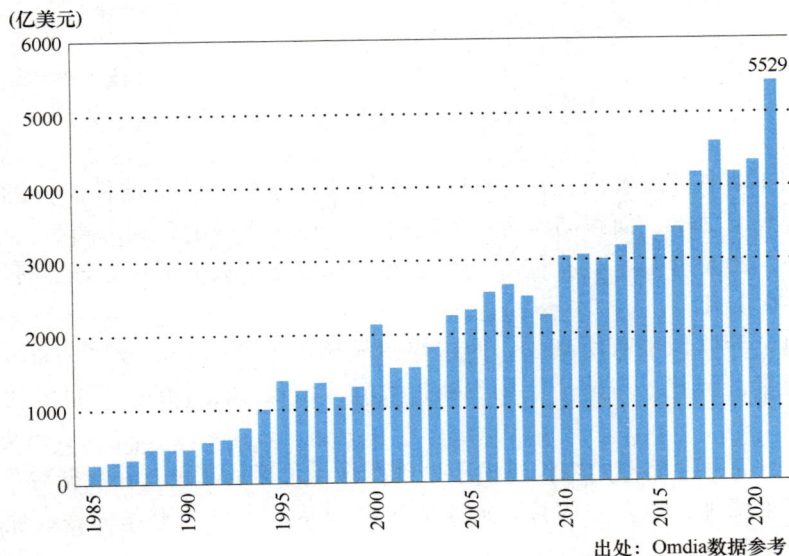

出处：Omdia数据参考

图 1-3　全球半导体市场的演变

　　这一数字略高于汽车行业的市场规模。这表明半导体尽管是非成品（类似部件），却已成为一个非常庞大的产业。

▶ 存储器的快速扩张

　　按产品划分的半导体市场份额如图 1-4 所示。该图显示了从 1985 年到 2020 年存储器、微处理器、逻辑器件和其他器件（模拟、光学和分立）所占的百分比。

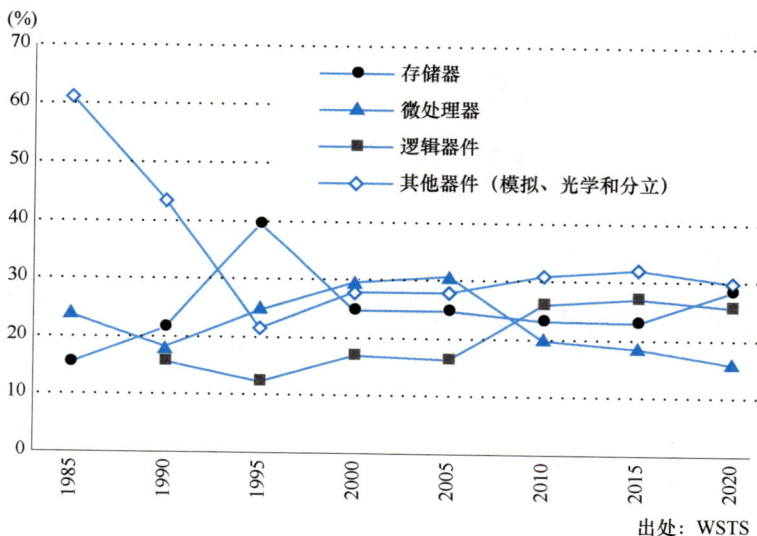

图 1-4　按产品划分的半导体市场份额

　　从图 1-4 中可以看出，在 1985~1995 年的十年里，其他器件所占的比例从 60% 下降到了 20%，而存储器所占的比例则从 15% 大幅上升到了 40%。

　　此外，2000 年以后，存储器和其他器件的变化不大，但微处理器有所下降，逻辑器件在上升。

　　其他半导体似乎有所减少，但这幅图只显示了产品的百分比，而不是产品的绝对数量，因此，当整个市场不断扩大时，增长率较小的产品百分比就显得较低。

　　另一方面，存储器的增长是由于处理图像（尤其是视频）等数据对存储器大容量的需求增加，以及对闪存（尤其是 NAND 闪存）作为非易失性存储器的需求快速增长。

1.4　彻底分析"日本半导体制造业的衰落"

▶ 失落的日之丸半导体辉煌

在全球半导体市场演变的大形势下，日本半导体产业的表现如何呢？图 1-5 显示了 1990 年至 2020 年各地区半导体市场份额的变化情况。

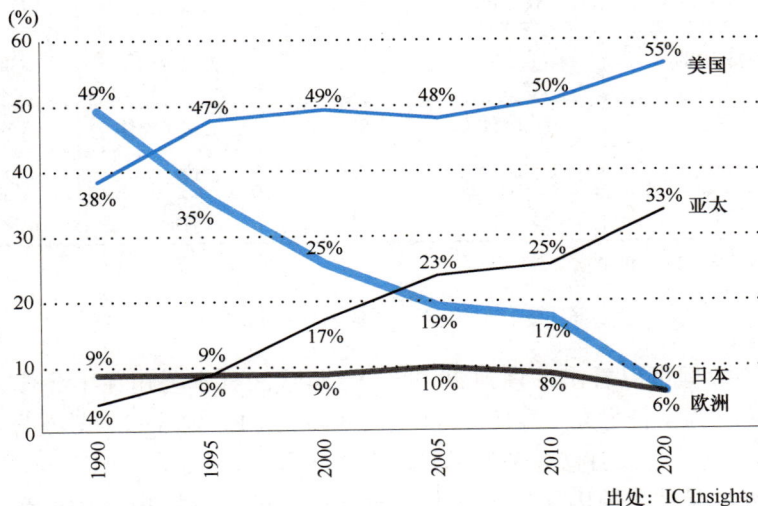

出处：IC Insights

图 1-5　各地区半导体市场份额的演变（基于公司总部所在地）

首先来看日本，1990 年日本的市场份额为 49%，几乎占全球市场的一半。但此后在逐渐下降，直到 2020 年下降到仅占 6%。而且，这一趋势还没有停止。

与之形成鲜明对比的是亚太地区。从 1990 年的 4% 增长到 2020 年的 33%，保持着快速增长。在此期间，美国呈现稳健增长，从 38% 增长到 55%。而欧洲则从 9% 下降到 6%，呈现出较低水平的下降趋势。

图 1-6 显示了半导体制造商从 1992 年到 2021 年的销售额排名（前十位）。

1992 年，世界顶级制造商中有六家是日本制造商。2001 年有三家，2011 年有两家，而从 2019 年到 2021 年只剩下一家。

在此期间，美国不仅从三家增加到五家，引人瞩目的还有英特尔一直保持稳健，以及从 2001 年开始新制造商不断涌现并保持增长。另外，自从 2001 年以来，韩国三星电子和 SK 海力士（SK Hynix）的排名逐步上升。到 2021 年，三星电子超越英特尔成为全球最大的半导体公司。

排名	1992 年	2001 年	2011 年	2019 年	2021 年
1	英特尔	英特尔	英特尔	英特尔	三星电子
2	NEC	意法半导体	三星电子	三星电子	英特尔
3	东芝	东芝	德州仪器	SK 海力士	SK 海力士
4	摩托罗拉	德州仪器	东芝	美光	美光
5	日立	三星电子	瑞萨电子	博通	高通
6	德州仪器	摩托罗拉	高通	高通	博通
7	富士通	NEC	意法半导体	德州仪器	德州仪器
8	三菱	英飞凌科技	SK 海力士	意法半导体	英飞凌科技
9	飞利浦	飞利浦	美光	铠侠	意法半导体
10	松下	三菱	博通	恩智浦	铠侠

出处：IC Insights，iSuppli

图 1-6　半导体制造商的销售额排名

从这些数据可以看出，直到 20 世纪 80 年代，日本公司在半导体领域席卷了世界，被称为"日之丸半导体"，甚至被傅高义（Ezra Vogel）教授誉为"日本第一"。但现在已经没有这种迹象了。这正是日本"失去的三十年"。

那么究竟是什么原因导致了日本半导体制造商在过去 30 年中就突然衰落了呢？日本公司要想在半导体产业东山再起，首先就必须找出原因。

▶ 到达"绝对领先"的理由究竟是什么

首先，让我们先来看看日本半导体制造商是如何占领全球 50% 的市场或 75% 的 DRAM 市场的。

半导体技术跟随重要应用场景的计算机的发展步调，从晶体管发展到集成电路（Integrated Circuit，IC），再发展到大规模集成电路（Large Scale Integration，LSI）。正是在计算机领域，从 20 世纪 60 年代后半期到 70 年代前半期发生了一场被称为计算机战争的激烈的开发竞争。众所周知，这最终导致了英特尔微处理器 4004 的诞生。

1973~1974 年间，IBM 宣布了一项研发项目，名为"未来系统"的下一代计算机系统。为了实现这一目标，需要在 LSI 技术上取得革命性进步。

受此启发，焦虑的日本半导体制造商和政府部门于 1976 年成立了一个公私联合的超大规模集成电路技术研究机构，一直到 1980 年结束的四年间，开展建立超大规模集成电路（Very Large Scale Integration，VLSI）制造技术的开发规划和制造设备的国产化的活动。

尽管对这些活动的成果有各种不同的评价，但谁都承认，激光直写装备（利用电子束直接写入装备）和步进投影式光刻机（Stepper，简称步进式光刻机，缩小投影曝光装备）的成功量产成了后来 LSI 技术进步的巨大原动力。

▶ 被迫从事着不必要工作的现场

在这样的背景下，在我曾工作的 NEC 熊本工厂（当时世界一流的半导体工厂），女工程师们组成了一个小团队，对粉尘排放源进行彻底调查。还有在生产现场实施自下而上的自愿质量管理活动结成的 QC 团体。还开展了自上而下的 ZD（零缺陷）活动。以严谨的态度，为"提高成品率"努力改善和提高生产活动。

此外，不管是生产数量众多且成了标准品的主力产品 DRAM（存储器），还是在半导体方面"how to make"（如何制造）的经验和知识，都是在世界上抢先打磨出来的东西。

然而，如前所述，日本的半导体产业在 1990 年达到顶峰后开始走下坡路。其原因可能有多种。

第一个原因，日美政府间于 1985 年开始协商，并于 1986 年签署了《日美半导体协定》。

这份持续了十年的协议包含了可以说是刁难日本的内容。例如，日本之所以在 DRAM 市场上占据压倒性份额，被怀疑"可能是因为通过倾销进行廉价出售"，导致在协议中有"价格由美国政府决定"的荒谬规定。

结果在日本的公司现场发生了什么？两国政府要求日本半导体制造商提供半导体产品的成本数据。说是为了计算出所谓的 FMV（Fair Market Value，公平市场价值），我被要求在工作日结束后报告在相关 DRAM 上花费了多少时间。

但是，在半导体工厂的同一条生产线上生产着不同的产品，因此必须计算每种产品的设备、材料和劳动力成本比例（赋税率）。

还有一点，协议中还包括"外国制造的半导体在日本市场的份额必须从以前的 10% 左右翻一番，提高到 20%"，被赋予了购买的义务。

日本半导体产业被迫接受了这样一个不平等的协议。这不仅对日本半导体产业造成了直接损害，而且这种心理阴影对日本政府后来的半导体产业政策也产生了重大的负面影响。

与此形成鲜明对比的是，韩国和中国在各自政府的政策鼓励下，半导体产业得到了长足发展。日本随后也设立了一些官民项目，但这些项目即使得到包括了国家的支持，也并没有带来日本半导体产业的复兴。

▶ 缺乏逆向战略，被公司视为"食金虫"

第二个原因，日本所有的大型半导体制造商都是作为综合电子产品制造商的分部存在的。正因为如此，半导体部门在公司内部处于"新人"的地位。公司的高层管理人员很少有熟悉半导体业务的，所以无法迅速而大胆地做出决策。

在半导体业务中，行业不景气时反而要进行投资，而等行业变好时一鼓作气促进销售，就像股票交易一样，强烈要求采取"逆向"策略。然而，不熟悉半导体业务的管理团队很难达成共识，其他部门的领导嘲笑他们是"食金虫"。

相比之下，韩国和其他国家的半导体公司在熟悉业务并愿意接受新挑战的强势管理层的领导下，采取了迅速而果断的战略。

第三个原因，20世纪90年代以后，由于半导体技术的飞速发展，对应制造LSI的晶圆厂和设备的巨大投资，需要先进的制造技术。因此，传统的IDM公司（垂直整合器件制造商）有明显地向代工厂（委托生产）分工制造的动向，而日本的IDM公司则错过了这一趋势。

与其说他们"错失良机"，不如说他们"未能理解"半导体业务新发展的影响，或者说他们坚持自己的传统立场。

第四个原因，对于日本半导体产业的不景气，政府重组产业的举措为时已晚，从而导致"弱者联合"。由NEC和日立的DRAM部门合并而成的尔必达存储（Elpida Memory）公司在2012年申请重整，并在2013年成为美国美光的全资子公司。如果东芝从一开始就加入其中，同时开展DRAM和闪存业务，结果会不会大不相同？

▶ 没有独一无二的产品

第五个原因，在半导体业务中，拥有可以大量生产的事实标准产品非常重要，但日本的半导体制造商没有能够开发出逻辑电路和SoC产品。仔细思考其中的原因，我想是从系统设计到LSI的实现、软件与硬件的协调设计，进而到EDA工具和使用等方面都有问题。

日本半导体制造商最初依赖的是内部开发的EDA工具，但后来这些工具被专业EDA供应商提供的、大量用户使用并得到改进的工具所取代，这导致他们在数字产业发展中无法创造出许多先进的产品。

2022年，日本正在奋斗的半导体制造商铠侠（2017年从东芝分拆出来）涉足 NAND 闪存产品，索尼生产图像传感器这种事实标准产品，瑞萨电子拥有谈不上事实标准产品但是大量用于汽车的低功耗微控制器。

▶ **why to make**

其他原因可能还有日本人的心态问题。与欧美相比，日本人有一旦取得了一定的成功后就不会有更多的欲望，往往满足于目前状况的倾向。

当我所在的 NEC 失去了世界第一半导体公司的宝座时，高层管理人员并没有表示任何后悔和决心，他们似乎淡淡地接受了这一事实。

此外，半导体业务核心从 "how to make"（如何制造）转向 "what to make"（制造什么），进而转向 "why to make"（为什么制造）的过程（见图 1-7）中，日本的半导体制造商（包括电子行业的制造商）似乎缺乏新的视角和视野。

```
┌─────────────┐
│ how to make │
│ （如何制造）  │
└─────────────┘
      ↓
┌─────────────┐
│ what to make│
│ （制造什么）  │
└─────────────┘
      ↓
┌─────────────┐
│ why to make │
│ （为什么制造） │
└─────────────┘
```

图 1-7　半导体业务的变化核心

1.5　为什么设备制造商和材料制造商在奋斗

▶ **日本也有情况良好的"半导体产业"**

在上一节中我们看到了一个"遗憾的日本半导体制造商"。但事实上，尽管我们谈论的是同样的半导体产业，但如果我们把目光转向下面这两个半导体产业就会发现完全不同的情况。

● 半导体制造设备产业。

● 半导体材料产业。

日本的设备产业和材料产业在全球市场上的地位相差无几，因此我们在这里来看看设备产业。

▶ 上下游之间的差异

图 1-8 显示了 2005 年到 2020 年半导体设备制造商的收入排名演变（前十位）。

排名	2005 年	2009 年	2020 年
1	应用材料（AMAT）	阿斯麦（ASML）	AMAT
2	东京电子	AMAT	ASML
3	ASML	东京电子	泛林集团
4	KLA	KLA	东京电子
5	泛林集团	泛林集团	KLA
6	爱德万测试	斯库林（SCREEN）	爱德万测试
7	尼康	尼康	SCREEN
8	诺发系统（Novellus）	爱德万测试	泰瑞达（Teradyne）
9	SCREREN	ASM	日立高新技术
10	佳能	Novellus	ASM

出处：VLSI Research

图 1-8　半导体设备制造商的收入排名演变（前十位）

从图中可以看出，日本的半导体设备制造商依然表现出色。2005 年有五家公司，2009 年和 2020 年分别有四家公司。除荷兰的 ASML 和 ASM 之外，日本和美国几乎平分了前十名，而且总是那几家。

是什么原因导致设备制造商在半导体产业表现如此出色，而日本半导体制造商反而一直在走下坡路？

我首先想到的是"细节决定成败"这句话。这句话有各种含义，但在这里意味着，越是在工业技术的下游，就越需要经验或试错的诀窍。所以这也是后来的制造商难以赶上甚至超越前人的现实原因。

因此，半导体制造商在选择生产设备时，不会冒着巨大的风险放弃现有的用惯了的设备，而去使用新制造商的产品。

半导体产业，尤其是"半导体设备"的开发，正是一个"how to make"的世界，需要制造的东西基本上是固定的。这样的话，制造设备行业可能更适合严谨做事的日本人和日本公司的思维方式。

▶ 制造设备行业即将迎来一个关键时刻

此外，韩国和中国等半导体产业新兴国家或地区在进入半导体产业时，会从具有很大的市场规模和更加战略性、系统性、容易进入的器件产业入手。

所以他们在进入半导体产业之后，下一步打算进入"设备和材料产业"也就不足为奇了，而且在特定设备领域已经出现了这种兆头。

我只能希望日本的设备和材料制造商不再去步半导体和显示器行业的后尘，努力前行。

1.6　瞄准被期待的"新的半导体市场"

据预测，从 2020 年起的十年间，半导体市场将增长近一倍，达到 9000 亿美元的规模。推进半导体市场如此快速扩张的半导体需求会是什么样的产品群呢？让我们接下来看看一些候选产品。

▶ 数字化转型将进一步推动半导体需求

目前，在个人生活、社会生活和工业领域的各个方面，随着数字化转型，即数字技术的进步，生活和商业正在发生转型。

今后这一趋势将会越来越加速。因此，对于传统技术半导体的需求也将随之持续增长。例如，为了传输、处理和存储更多的数据，对用于云计算和数据中心的现成的半导体或升级版的需求将不断增加（见图 1-9）。

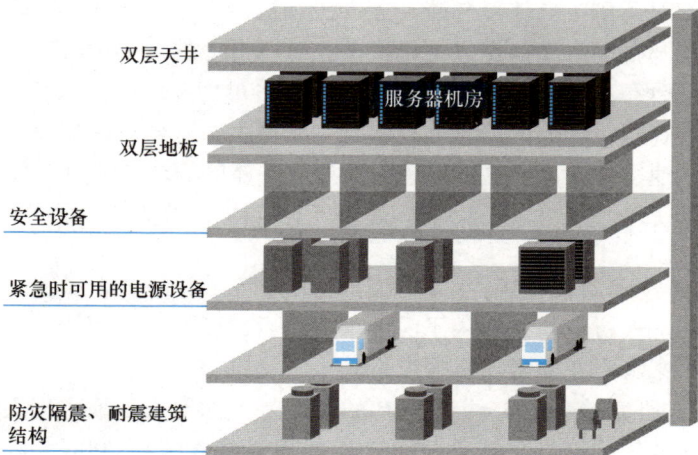

图 1-9　对数据中心的需求日益增长

▶ "元宇宙"与现实的融合

随着 AR/VR 技术的发展，"元宇宙"作为一个在不同于现实世界的三维虚拟空间中提供体验和服务的场所，将催生各种各样的场景，与现实发生多方面的融合，人们的行为、思维或生活方式也会随之发生变化。作为实现这一目标的 AR/VR 技术，需要先进的半导体微小化技术和超高清显示技术的融合，还需要基于新技术将半导体和显示技术整合在一起的新器件。

▶ 为了实现实时"自动驾驶"

目前自动驾驶分为五个级别（数据来自日本国土交通省）。1 级是简单的辅助驾驶，2 级是特定条件下的自动驾驶，3 级是有条件的自动驾驶，4 级是特定条件下的全自动驾驶，5 级是完全自动驾驶。

据说，目前的开发阶段在 2 级和 3 级之间。在未来 5~10 年内，自动驾驶将会达到 3 级、4 级和 5 级。为了提高和建立自动驾驶的便利性、舒适性和安全性，由于车辆与车辆周围环境之间的关系每时每刻都在发生变化，必须实时收集和处理各种信息，给出最佳判断并反映到驾驶过程中。

这就需要建立 5G（第五代移动通信系统）和 B5G（Beyond 5G）高速且大容量的通信网络，也需要更高性能的各种各样的传感器和用于信息处理的半导体。

▶ 不断扩展的"物联网技术"

今后，物联网（Internet of Things，IoT）技术预计会在社会各个领域普及和扩展。

这将增加对新型半导体传感器、无人机和机器人用半导体的需求。此外，为了收集、处理和存储大量数据，不仅要扩大互联网上的数据中心，还要扩大边缘计算。服务器分布在尽可能靠近终端的地方，尽可能在终端附近（边缘）处理信息，只把无法在边缘处理的信息才传输到互联网上。这样可以减少上层系统的负荷，提高处理速度和效率。这将促进对新型半导体的需求（见图 1-10）。

▶ "AI"（人工智能）需要高性能芯片

最近，AI 技术不仅在医疗、福利和娱乐方面，也在工业和生活的各个方面被引入、扩展和改进。自从导入了深度学习之后，超越人类智能的 AI 不断涌现，甚至出现了未来人类还能做什么的议论。

AI 的正式研究始于 1956 年，最初的课题是"如何人工地实现人类的智能"。AI 经历了 1970 年的第一次繁荣、1980 年的第二次繁荣和 2006 年以后的第三次繁荣。

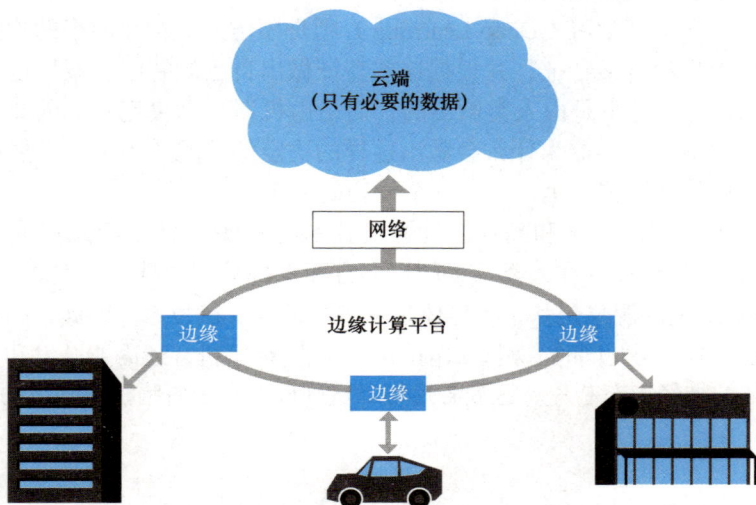

图 1-10　物联网中的边缘计算

　　在此期间，AI 经历了各种变革、改进和突破，但今天考虑 AI 时，在方法和概念上存在差异，如图 1-11 所示。

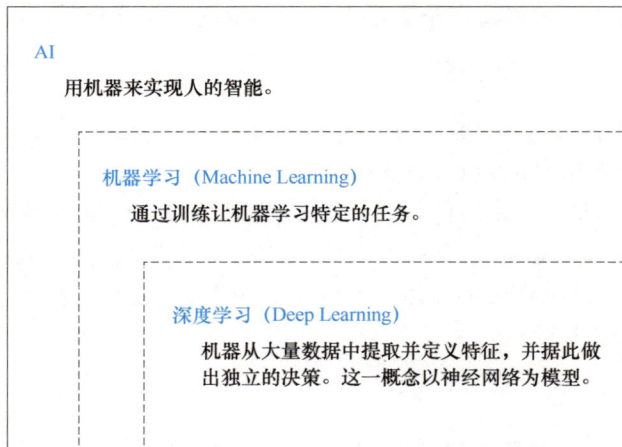

图 1-11　AI 的概念

　　在这里，机器学习（Machine Learning）是指机器通过反复的"有教师"或"无教师"训练来学习某项任务，从而以适合的方式来完成任务。因此，学习内容的标准（规则）是由人类给出的，这样机器就可以根据这些标准（规则）进行最佳分类、识别、预测和判断等智能操作。

另一方面，深度学习（Deep Learning）则是模仿人类神经网络的功能，机器从大量数据中自动定义特征，并根据这些特征做出自己的智能决策。也就是，决策标准（规则）本身不是由人类给出的，而是由机器自己决定的。因此，在深度学习中，人类不知道机器为什么会做出这样的决定的情况并不少见。然而，就结果而言，我们往往不得不承认这是一个恰当的决定。

随着深度学习的出现和高性能计算机技术的发展，AI 已经发展成为真正意义上的"人工智能"，并在人类活动的许多方面支持甚至超越了人类。

支持 AI 发展的源泉是基于半导体技术进步的计算机技术，因此，高性能半导体是不可或缺的。与此同时，相对目前的"左脑"计算机，还需要开发和实际应用新型半导体的神经形态芯片。这种芯片可以从硬件上模仿右脑神经网络的工作。

1.7 用图解通俗易懂地概述半导体产业的整体情况

半导体产业是一个非常广泛的产业，涉及许多不同的行业。因此，要把握全貌并不容易。在本节中，我们将通过图解尽可能通俗易懂地展示"半导体产业的全貌"。

本章讨论的各个项目将在第 3 章中有详细说明，在此只需了解整体概况。

▶ IDM 公司——从设计、制造到销售

半导体产业首先有 IDM 公司（Integrated Device Manufacturer，垂直整合器件制造商）即垂直整合型的 LSI 制造商。

IDM 公司是从半导体器件设计、制造到销售都自己完成的公司。英特尔、三星电子、铠侠等我们通常说到半导体制造商时联想到的公司就是 IDM 公司。如果我们把 IDM 公司放在半导体产业的中心位置，就会发现他们与各个行业有着紧密关联（见图 1-12）。

▶ IDM 的相关制造商——EDA、IP、设备、材料

这些相关行业的制造商包括 EDA 供应商、IP 供应商、设备制造商和材料制造商。

首先，EDA（Electronic Design Automation，电子设计自动化）供应商为IDM 公司提供各种自动化设计工具，从软件和硬件两方面为 IDM 公司的设计工作提供支持。

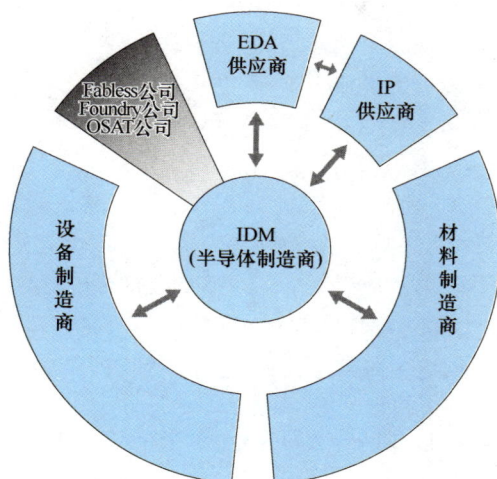

图 1-12　以 IDM 公司为中心的半导体产业的关联图

其次，IP 供应商是向 IDM 公司提供 IP（知识产权）的公司，IP 是具有完整的电路功能块的设计资产。IP 供应商在开发和设计 IP 时也会使用 EDA 供应商的工具。

设备行业是多种设备制造商结成的行业。他们拥有各种各样的制造设备，为 IDM 公司提供了各种制造半导体的设备。

同样，由多种材料制造商结成的材料行业也为 IDM 公司提供了用于制造半导体的各种各样的材料。

▶ **Fabless、Foundry、OSAT**

与 IDM 公司相对的是被称为 "Fabless" 的公司。Fabless 的字面意思是 "Fab（半导体制造设备）+less（不持有）"。

Fabless（无晶圆厂模式）公司不生产自己的产品，而是专门从事半导体的开发和设计。假如我们把 Fabless 公司置于半导体产业的中心，那么他们的周围就是 EDA 供应商、IP 供应商以及 Foundry（晶圆代工厂模式）公司和 OSAT 公司（见图 1-13）。

Foundry 公司是承担半导体制造流程前半段（即前道工序）工作的公司，根据客户的设计数据进行委托制造。该行业的全球领导者是著名的台积电。Foundry 公司与进行前道工序的设备制造商和材料制造商有关联。

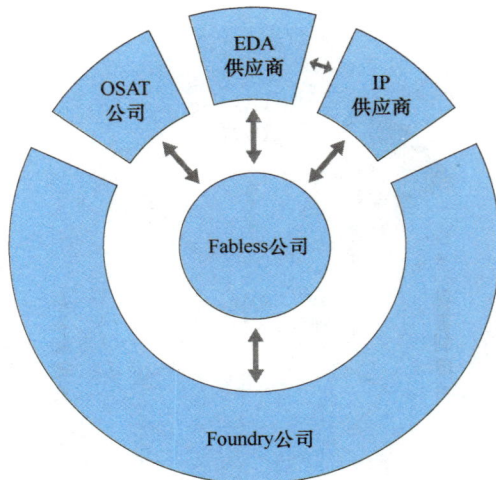

图 1-13　以 Fabless 公司为中心的半导体产业的关联图

　　与 Foundry 公司相对，OSAT（Outsourced Semiconductor Assembly and Test，外包半导体封装与测试）公司是指那些承担半导体制造流程后半段（即后道工序）的封装和测试的公司。OSAT 公司与进行后道工序的设备制造商和材料制造商有关联。

▶ Foundry

　　此外，我们将 Foundry 公司放在半导体产业的中心看一下。Foundry 公司受半导体制造商（IDM 公司和 Fabless 公司）的委托，使用前道设备和材料来执行半导体制造的前道工序（见图 1-14）。

　　乍看之下，将 IDM 公司列入将制造外包给 Foundry 公司的公司之一似乎有些奇怪，这是因为 IDM 公司是自己生产半导体的公司。然而，即使是 IDM 公司，有时针对自己开发和产品化的一部分半导体，只做设计，将前道制造也外包给 Foundry 公司。

　　IDM 公司即使拥有自己的生产线，但依然把前道制造外包给 Foundry 公司，主要有以下三个原因。

　　第一个原因是产能不足，或者需要缩短在自己的生产线上生产半导体的周期。第二个原因是利用 Foundry 公司作为半导体产品供需平衡的"缓冲器"。第三个原因是想要开发自己的生产线无法生产的先进技术产品并将其商业化。在第三种情况下，公司别无选择，只能将生产外包给拥有先进技术生产线的 Foundry 公司。

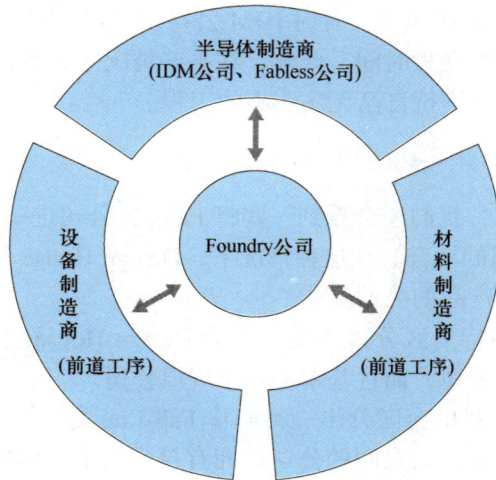

图 1-14　以 Foundry 公司为中心的半导体产业的关联图

► **OSAT**

与 Foundry 公司一样，如果我们把 OSAT 公司置于半导体产业的中心，就会发现他们处于这样一种地位：他们受半导体制造商（IDM 公司和 Fabless 公司）的委托，使用相关设备和材料来执行半导体制造的后道工序（见图 1-15）。

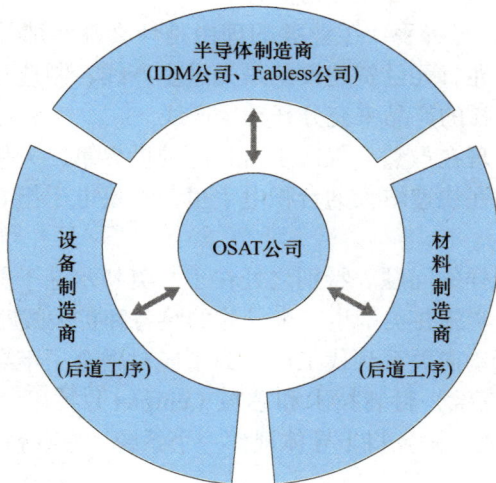

图 1-15　以 OSAT 公司为中心的半导体产业的关联图

这里将 IDM 公司列为将生产外包给 OSAT 公司的公司，是因为在 IDM 公司开发和商业化的半导体产品中，有时 IDM 公司自己没有足够的能力进行封装和测试，或因为希望缩短交货时间。此外，在某些情况下，还需要在封装或测试公司的后道工序生产线上进行自己无法实施的工程。

▶ Design House、Fab-Lite 是什么样的行业

除了上述分类外，我们还会看到一些将 Fabless 公司进一步分为 Fabless 公司和 Design House 公司的场合。在这种情况下，Design House 公司是指只从事设计工作而不生产自己的产品的公司。

不过，本书并不特别区分这两类。因为 Design House 公司往往作为 Fabless 公司的一个部门或子公司，而且基本都是小规模公司。

另外，半导体产业会区分出一种叫作 Fab-Lite 的公司。Fab-Lite 公司是介于 IDM 公司和 Fabless 公司之间的公司，拥有自己的小规模生产线，但将大部分生产外包给 Foundry 公司。

然而，随着半导体产业的产业结构和角色发生变化，可以明确称为 Fab-Lite 的公司越来越少，它们与 IDM 公司或 Foundry 公司并列出现还是有些违和感。极端地说，Fab-Lite 公司这个词本身似乎已失去生命力。

▶ 为什么三星电子和英特尔也开始代工业务

最近，三星电子和英特尔这样的大公司也开始着手代工业务。而且，扩大代工的同时，也在试图革新代工业务的概念。

这些大型 IDM 公司着手代工业务的理由是什么呢？那是因为，为了完全开动为自己产品投入几兆日元巨资建设的最先进生产线，制造自己的产品以外，还需要制造其他公司委托的产品来充分开动生产线。

再者，三星电子现在虽然是仅次于台积电的世界第二大代工公司，但是半导体制造的主导权掌握在快速增长的台积电手里，三星电子担心在业界的地位相对下降。

英特尔也面临同样的问题。特别之处在于，英特尔基于美国政府的政策，具有作为美国芯片代表实施在美国生产半导体的整备和扩大战略的旗手作用。

最近还有一个新动向关系到代工厂。为了应对融合了半导体制造的前道工序和后道工序的 3D（三维）封装技术和芯粒（chiplet）技术，英特尔提出了一种"系统代工"的概念或方法。将半导体视作一个系统，"系统代工"承担全部的制造工程。

对此，台积电为了开发先进的后道工序技术，2022 年 6 月开始在日本筑波市设立了 3D IC 的研发基地。

今后，大型 IDM 公司与领先代工厂台积电之间，围绕新半导体业务，将不断有剧烈的竞争。

看到最近半导体业界的动向，不禁想起"历史总在重演"这句话。半导体制造的分工过去只有 IDM 公司，随着 Foundry 公司和 OSAT 公司的出现，已经进入了"水平分工化"。

尽管如此，与前道工序一样，迫于以 3D 为核心的后道工序的技术革新的需要，具有丰厚资金、技术和人才优势的大型 IDM 公司（英特尔、三星电子等）需要取得更大的突破，改变 IDM 公司的原貌。同时，台积电等大型代工厂也面临能否生存下去的悬念，正在转变成新型 IDM 公司。

专栏　核威慑、经济安全、信息社会、战略物资

2022 年发生的俄乌冲突，人们感觉到核威慑的含义已经从传统的"默契"变成了"明确的威胁"。

在核威慑下，大国争霸的主角只能是"经济冲突"，而不是直接的军事冲突。换句话说，必须通过经济手段确保安全，即确保对人民生活至关重要的商品和产品的安全。达到不过度依赖他国技术的状况变得非常重要。

从这个意义上说，即使统称为"战略物资"，也就是战争所需的重要物资，如石油、粮食和稀有金属的重要性都不变，但航空、航天、核能和电子在高度信息化的现代社会里正变得越来越重要。

这些产业的核心半导体（IC）作为最重要的战略物资已经受到关注，也自然地浮出水面。令人感到不可思议的是，之前日本似乎并没有更认真地讨论这些问题。

特别是在中美经贸摩擦之际，以美国为中心的一些国家在强化建立稳定的半导体（IC）供应链，使得在本国或同一圈内能够采购到重要的半导体（IC），并且增加对中国半导体（IC）产业的压力。这进一步凸显了半导体（IC）作为战略物资的重要性。

在这种全球趋势的背景下，日本开始联合产业界、学术界和政府实施一些项目和预算措施，以振兴和重建其国内半导体产业。然而，特别是在国家项目方面，我们希望对过去项目的优缺点进行总结，并在此基础上制定新的观点和措施。

具体实施这些项目的基本原则是提供资金但不过分干预，并需要积极吸纳专家的广泛意见。最重要的是，能够发掘、配备具有基于长远蓝图的广阔而新鲜的视野、出色的执行力和冷静的评估与判断的人才。

Chapter2 第 2 章

从半导体制造工程理清关联行业

2.1 半导体是如何制造的——第一类

半导体的制造工程十分复杂，涉及 1000 多个步骤。因此，想要通俗易懂地了解半导体是如何制造出来的，首先要有一个“粗略的整体印象”，然后再逐步放大细节，而不是突然进入详细的工程。

这里将半导体生产工程分为四个阶段（第一类 ~ 第四类）来介绍。第二类在 2.2 节、第三类在 2.3 节、第四类在 2.4 节分别介绍。

▶ 半导体的制造工程

第一类工程按照图 2-1 来介绍。

设计工程		设计具有所需功能和性能的集成电路
制造工程	前道工序	晶圆上面同时集成进去了多个 IC 芯片
	后道工序	把晶圆成品切割成单个 IC 芯片，并进行封装和测试

图 2-1　半导体的制造工程（第一类）

半导体的制造工程大致可分为“设计工程”和“制造工程”。在设计工程中，为了将具有需要的功能和性能的半导体（IC）制成实物而进行设计。

后面的制造工程又分为前道工序（见图 2-2）和后道工序（见图 2-3）。

在前道工序中，晶圆上面同时集成进去了多个 IC 芯片。

在后道工序中，完成的晶圆会被切割成单个芯片，根据产品标准对电气特性进行测试和判断好坏（见图 2-3），然后把好的芯片放入封装中。这样，集成电路（IC）就完成了（见图 2-4）。

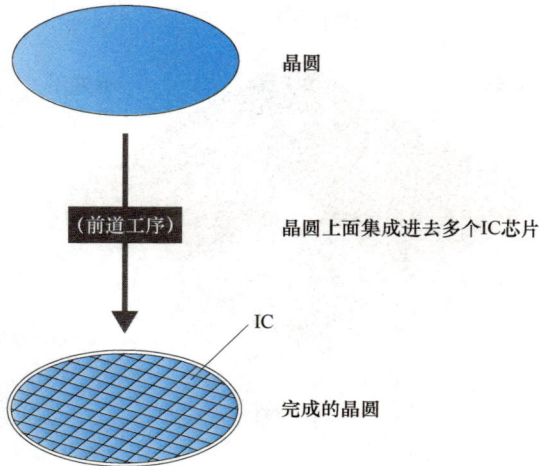

图 2-2　前道工序

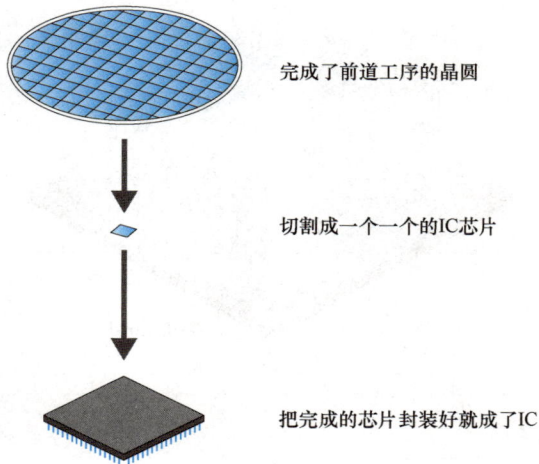

图 2-3　后道工序

当一个 IC 芯片内集成有大量的半导体器件时，IC 工作时功耗会增加，芯片的温度也会升高。随着温度的升高，IC 的运行速度会减慢，从而导致可靠性问题。在极端情况下，IC 可能会损坏。为了避免这种情况，CPU 等高功耗半导体在使用时都会在半导体封装上安装热沉来散热。热沉有两种类型：风冷式（见图 2-5）和使用管道的水冷式。

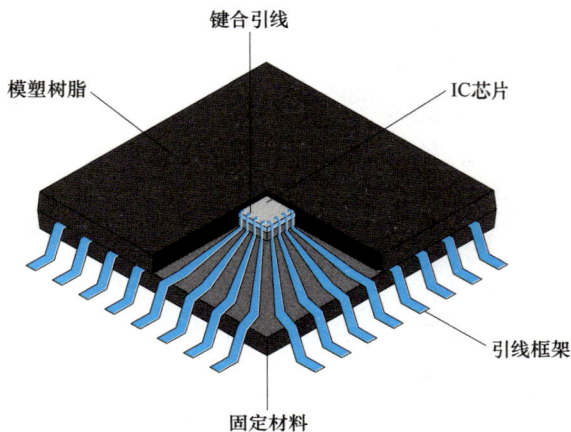

图 2-4　最终完成的 IC（集成电路）

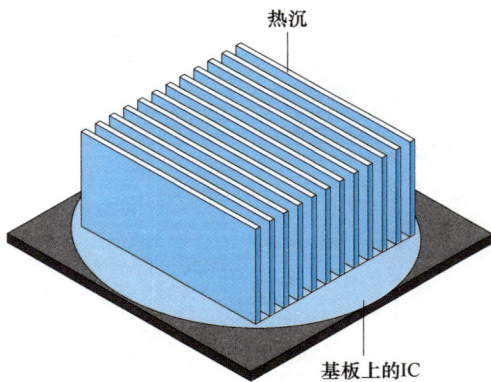

图 2-5　通过热沉为 IC 散热

2.2　半导体是如何制造的——第二类

第一类大致把整个半导体制造工程分为两部分，本节针对第二类在图 2-6 中进行更详细的介绍。

▶ **设计工程——设计和掩模制作**

设计工程分为两部分：设计和掩模制作。在设计工程中，使用 EDA 工具来反复综合、验证和模拟，然后设计逻辑、电路、图案和布局。

在下一阶段，也就是掩模（也称掩模版、光掩模、光罩）制作阶段，为了在一个晶圆上集成多个芯片，将具有 3D 结构的芯片各层的图案转印到芯片上来，制作掩模（见图 2-7）。

设计工程	设计	使用 EDA 工具来反复综合、验证和模拟，然后设计逻辑、电路、图案和布局
	掩模	为了在晶圆上制造多个 IC，需要制作掩模（标线）来转印具有 3D 结构的 IC 的各层图案
前道工序	① FEOL[①]	使用各种各样的设备和材料，以及掩模在晶圆上面同时集成进去多个 IC 芯片的工序前半部分（形成晶体管等器件）
	② BEOL[②]	使用各种各样的设备和材料，以及掩模在晶圆上面同时集成进去多个 IC 芯片的工序后半部分（形成布线）
	③ 晶圆探针检测	在已完成的晶圆的每个 IC 芯片上，利用探针来以测量电气特性并确定芯片的好坏
后道工序	① 切割	经过了检查的晶圆由金刚石切割机（切片机）切开成一个一个的 IC 芯片
	② 封装	挑出来好的 IC 芯片安装在管壳中，用细线将芯片上的电极与封装连接起来，然后封装密封保存
	③ 可靠性测试	测试 IC 的可靠性（老化测试[③]）
	④ 最终检查	根据产品规格，测量和检查 IC 的特性，确定 IC 的好坏

① FEOL：Front End of Line，前端工序。
② BEOL：Back End of Line，后端工序。
③ 老化测试（Burn-in Test，BT）：加上温度和电压进行的加速可靠性测试。

图 2-6　半导体的制造工程（第二类）

▶ **前道工序①和②——FEOL 和 BEOL**

图 2-6 所示的前道工序分为三类：FEOL、BEOL 和晶圆探针检测。

FEOL 也称为"Front End"。在这一工序中会使用到各种设备、材料和掩模，然后在晶圆上集成多个 IC 芯片"前道工序的前半部分"。晶体管和其他器件就是在这一工序中形成的（见图 2-8）。

图 2-7　利用掩模在晶圆上刻印电路图案

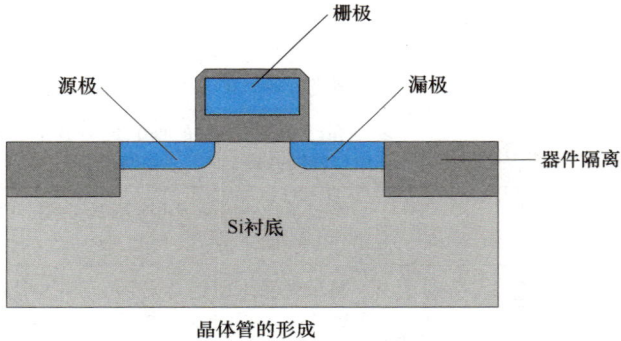

图 2-8　FEOL 是前道工序的前半部分（前道工序①）

　　BEOL 也称为"Back End"，是"前道工序的后半部分"，即将 FEOL 中形成的许多晶体管和其他器件互连起来的布线工艺（见图 2-9）。

　　过去，在晶圆上制造大量 IC 芯片的工序被简单地称为"前道工序""晶圆加工工序""扩散工序"等，并不像现在这样用 FEOL 和 BEOL 来区分。

　　然而，随着 IC（尤其是逻辑 IC）的发展，IC 的集成度和性能不仅取决于晶体管等半导体器件，还取决于电气互连的布线。因此，需要垂直方向的堆叠多层布线技术。

　　所以，多层布线形成工序不逊于器件形成工序，无论是技术和工艺数量，还是设备投入方面，在前道工序中所占的比例越来越大。因此，到现在为止，前道工序最好是像下面这样分为两部分。

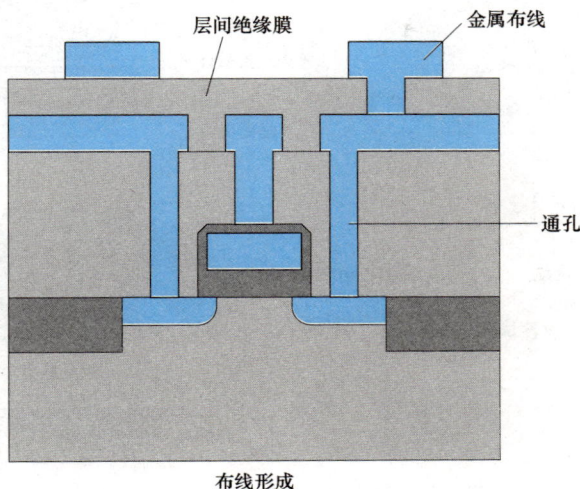

图 2-9 BEOL 是前道工序的后半部分（前道工序②）

- 前半部分（器件形成，FEOL）。
- 后半部分（多层布线形成，BEOL）。

▶ **前道工序③——晶圆探针检测**

最后是晶圆探针检测。将探针与已完成的晶圆的每个 IC 芯片一个一个地接触，通过与探针相连的测试仪（电气特性检测设备）对芯片进行测量，以确定芯片是好是坏，然后在坏芯片上特意做标记（检测晶圆的设备称为探针）。

晶圆探针检测有时简称为晶圆检测或探针检测，但在此将其称为"晶圆探针检测"（见图 2-10）。

▶ **后道工序①——切割**

图 2-6 所示的后道工序可分为四个部分：切割、封装、可靠性测试、最终检查。

切割是在完成晶圆测试后使用切割锯（切割机）将晶圆切割成单个芯片（见图 2-11）。有时也会称为"成粒"（pelletizing）。

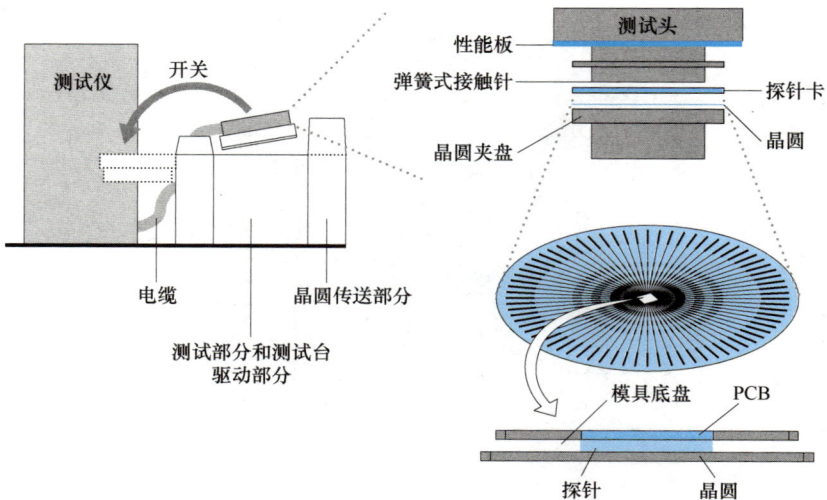

图 2-10　晶圆探针检测（前道工序③）

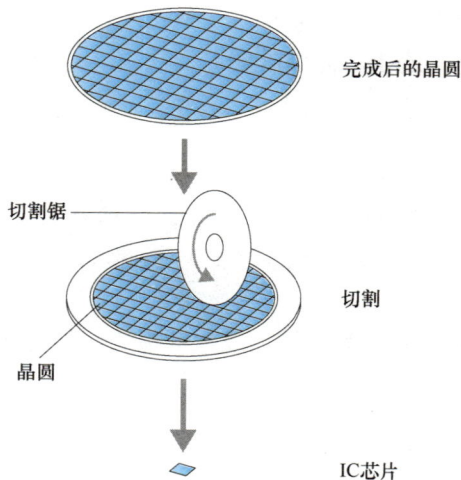

图 2-11　用切割锯切割芯片（后道工序①）

▶ 后道工序②——封装（packaging）

　　晶圆探针检测判定合格的 IC 芯片将被装到管壳中，并将芯片上的引出电极细线连接到封装引线上，最后对封装进行密封和储存（见图 2-12）。

封装好的IC

环氧树脂密封材料

键合引线

IC芯片

引线

基座

截面

环氧树脂密封材料

IC芯片

键合引线

引线

IC产品的外观

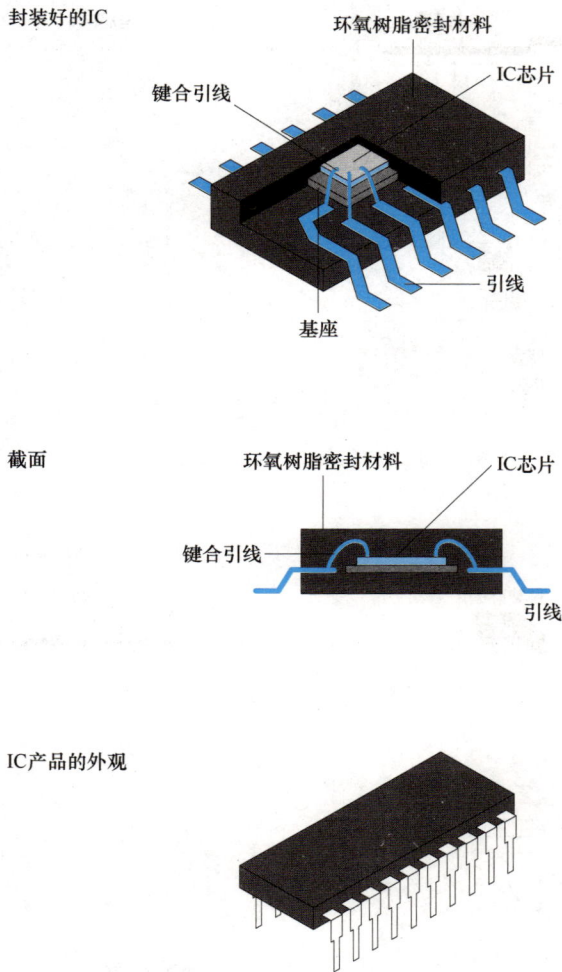

图 2-12　封装的截面图和完成图（后道工序②）

▶ 后道工序③——可靠性测试（加速测试）

可靠性测试是对封装好的 IC 施加电压和温度，进行加速测试（加速老化测试）。这种测试的目的是通过把产品置于比正常条件更恶劣的环境中，短时间内验证产品的寿命。加速测试也称为"老化"（见图 2-13）。

在最终检查工序（后道工序④）中，根据产品规格来测量 IC 的电气特性，并筛选出合格产品（见图 2-14）。

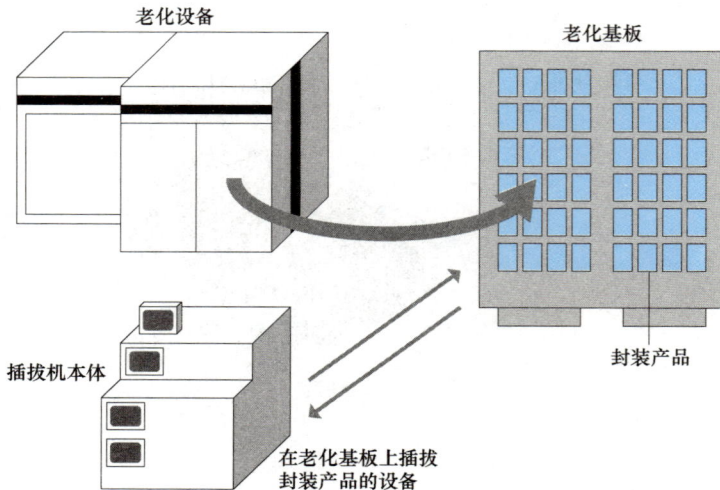

图 2-13　加速测试／老化（后道工序③）

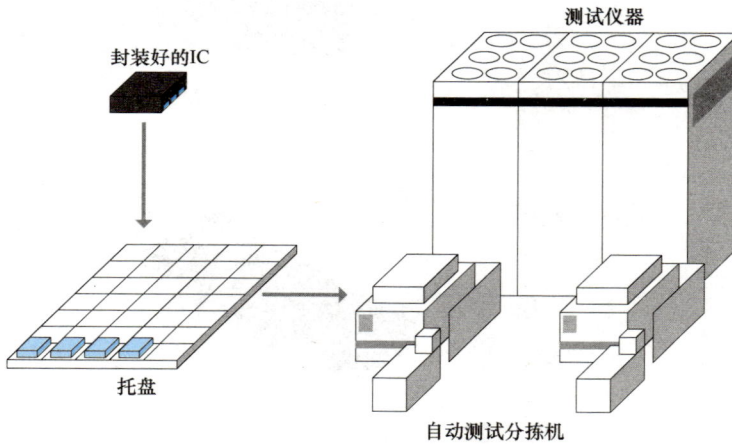

图 2-14　最终检查（后道工序④）

2.3　半导体是如何制造的——第三类

在 2.2 节中对半导体的制造工程有了一些了解，接下来通过图 2-15 对第三类进行更详细的介绍。

FEOL （循环）	薄膜形成工艺	利用各种设备和材料在晶圆上形成薄膜，如绝缘薄膜、导电薄膜和半导体薄膜等
	光刻工艺	在薄膜上涂上光刻胶，用光刻机通过掩模曝光、显影，将掩模上的图案转印到光刻胶上
	刻蚀工艺	光刻胶图案用作掩模，局部去除底层薄膜，从而形成薄膜图案
	掺杂工艺	利用图案化的光刻胶或薄膜材料作为掩模，在晶圆表面局部添加导电型杂质
BEOL （循环）	薄膜形成工艺	利用各种设备和材料形成各种薄膜、部分绝缘薄膜以及比较厚的金属薄膜
	光刻工艺	基本上与FEOL相同
	刻蚀工艺	基本上与FEOL相同
	平坦化工艺	利用CMP将表面磨平
FEOL **+** **BEOL**	其他工艺和系统： 热处理工艺 清洗工艺 晶圆检测工艺 晶圆传送系统 生产管理和监视系统 CIM系统	

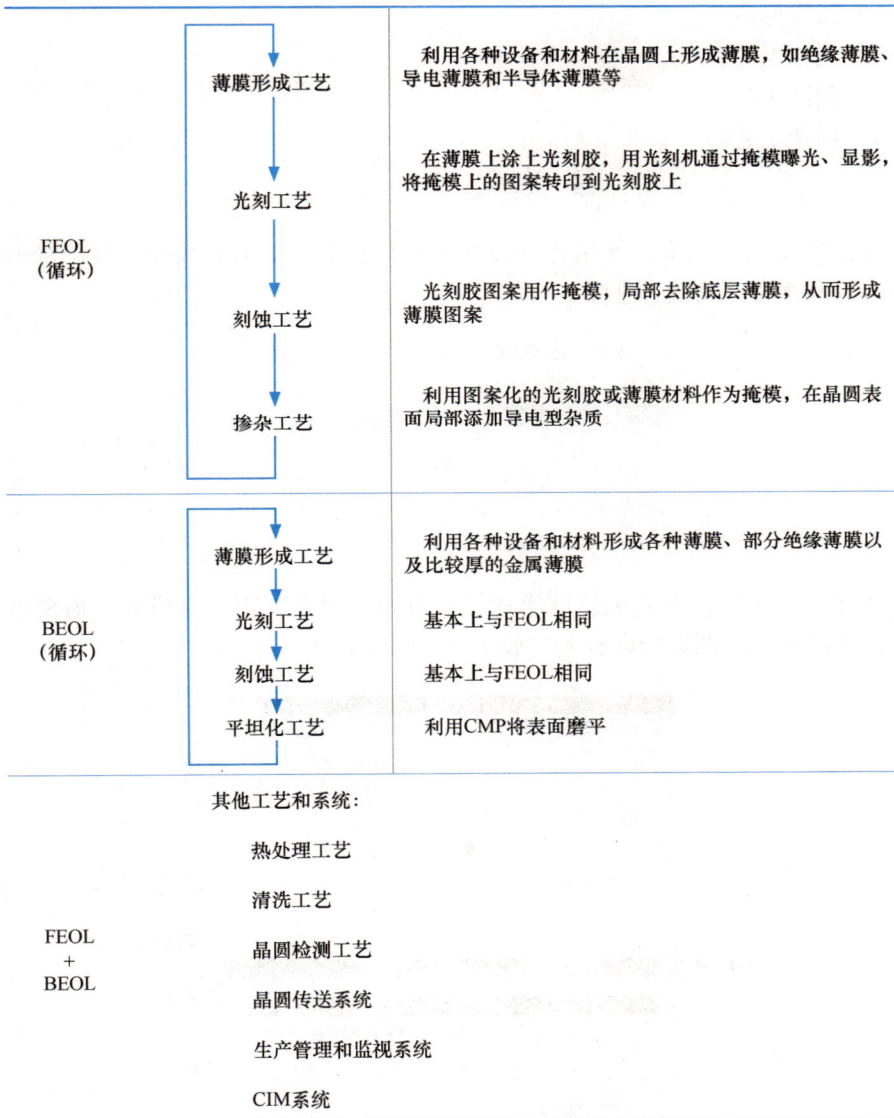

图 2-15　半导体的制造工程（第三类的前道工序）

▶ FEOL 可以细分为四个工艺

前道工序的 FEOL 可以细分为下列四个工艺。不过这些工艺会多次反复进行，并且在这些工艺之间，还需要热处理和清洗工艺。

　　1）薄膜形成工艺。

　　2）光刻工艺。

　　3）刻蚀工艺。

　　4）掺杂工艺。

▶ 薄膜形成工艺、光刻工艺和刻蚀工艺

　　在薄膜形成工艺中，使用各种设备和材料在晶圆上形成薄膜，如绝缘薄膜、导电薄膜和半导体薄膜（见图 2-16）。

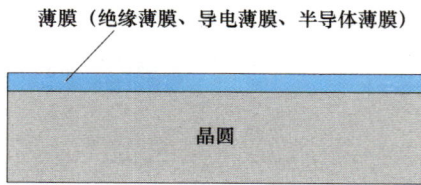

图 2-16　薄膜形成工艺

　　在光刻工艺中，把光刻胶旋涂在已形成的薄膜上，用光刻机通过掩模曝光、显影，将掩模上的图案转印到光刻胶上（见图 2-17）。

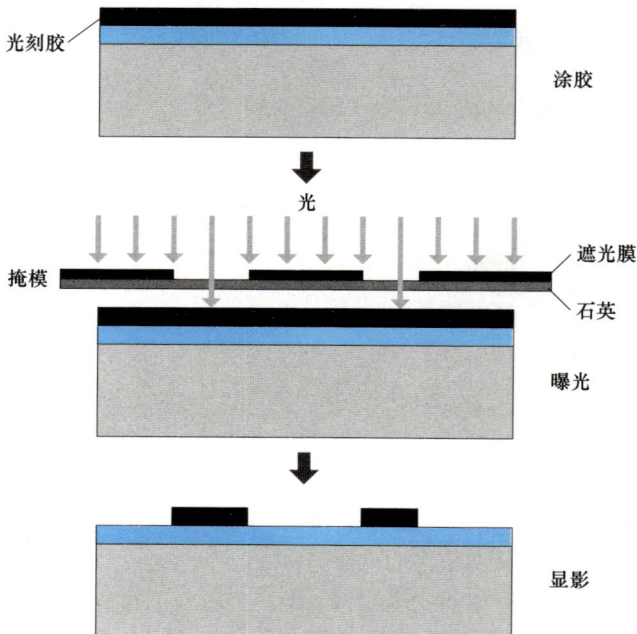

图 2-17　光刻工艺

在刻蚀工艺中，将图案化的光刻胶当作掩模，选择性地去除底层的薄膜，从而在薄膜上形成图案（见图 2-18）。

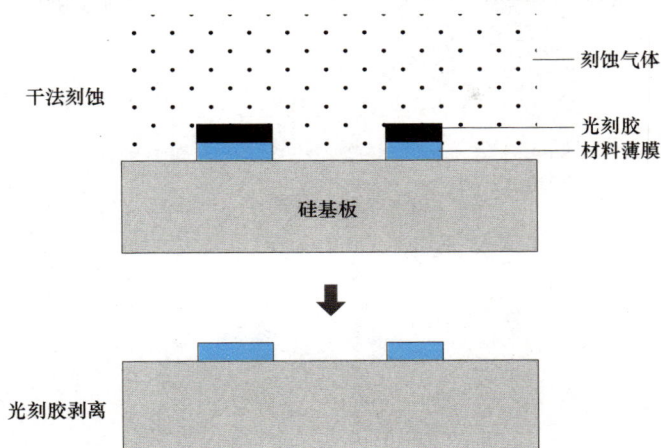

图 2-18   通过干法刻蚀形成薄膜图案

在掺杂工艺中，"导电型杂质"（磷、砷、硼等）会被添加到晶圆中或晶圆上形成的半导体薄膜中。

添加杂质的具体方法有两种：一种是利用热扩散现象的热扩散法；另一种是将加速的杂质离子机械地注入半导体的离子注入法。关于这两种方法，将在 2.4 节中具体介绍。

▶ **BEOL 包含三个工艺**

BEOL（Back End of Line，布线工序或后端工序）包含下面三个工艺：
1）薄膜形成工艺。
2）光刻工艺。
3）刻蚀工艺。

这些工艺与 FEOL 描述的工艺基本相同（只是没有掺杂工艺）。不同的是包括了将晶圆上的绝缘薄膜和导电薄膜"完全平坦化工艺"的所谓 CMP 工艺（见图 2-19）。

此外，BEOL 中的薄膜形成部分也包括了使用各种设备和材料形成的绝缘薄膜和较厚的金属薄膜。

▶ **以模制封装为例解说封装**

图 2-15 展示了前道和后道工序中未提及的"其他工艺和系统"。

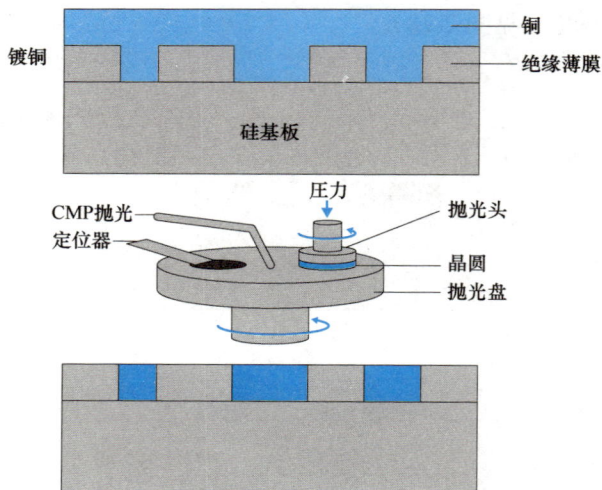

图 2-19　被称为 CMP 的平坦化工艺

首先，前道工序中的"其他工艺和系统"包括：

● 热处理工艺。

● 清洗工艺。

● 晶圆检测工艺。

● 晶圆传送系统。

● 生产管理和监视系统。

● CIM 系统。

后道工序中的封装包括（见图 2-20）：

● 安装工艺。

● 键合工艺。

● 树脂密封工艺。

● 焊料电镀工艺。

● 引线加工工艺。

● 打标。

IC 封装又称组装，有多种方式。这里以模制封装为例进行说明（见图 2-20）。

第一种封装方法是将一个好的芯片（裸片）键合（bonding）到引线框架的岛（基底）（见图 2-21）上。因此，安装工艺有时被称为"裸片键合技术"或"芯片键合技术"。

封装	安装	把合格芯片键合到引线框架的基座上
	键合	用金（Au）或铝（Al）细线将芯片上的外部电极压焊点与引线框架上的引线逐一连接
	树脂密封	芯片的引线框架部分用热固性树脂包裹及密封
	焊料电镀	电镀用于把焊料粘附在引线未被树脂覆盖的部分。这是为了 IC 封装到 PCB 上时便于焊接，并增加引线的弯曲强度
	引线加工	根据封装类型弯曲引线，并加工成需要的形状
	打标	在模制封装表面上使用激光印上产品名称、公司名称、批号等信息

图 2-20　第三类"封装工艺"的解释，并以模制封装为例

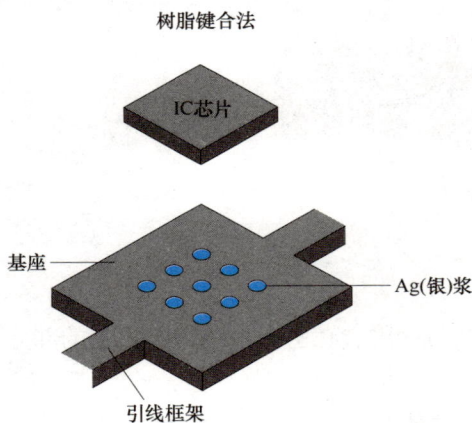

图 2-21　安装（键合固定）

安装完成后，键合工艺中会使用金线等细线把 IC 芯片上的电极焊盘与引线框架的引线连接起来（见图 2-22）。

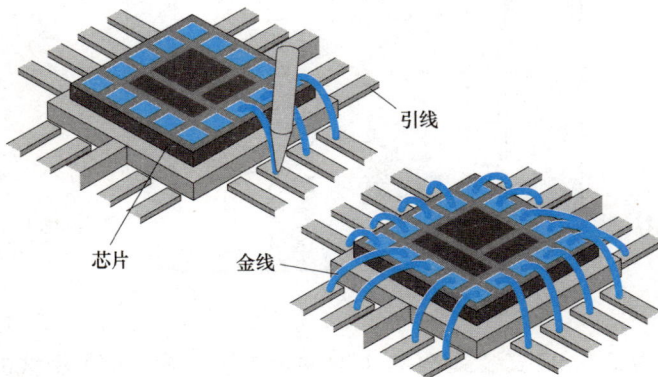

图 2-22　通过引线键合连接引线

在随后的树脂密封中，把引线框架中芯片还剩余的部分包裹在热固性树脂中，以密封芯片（见图2-23）。

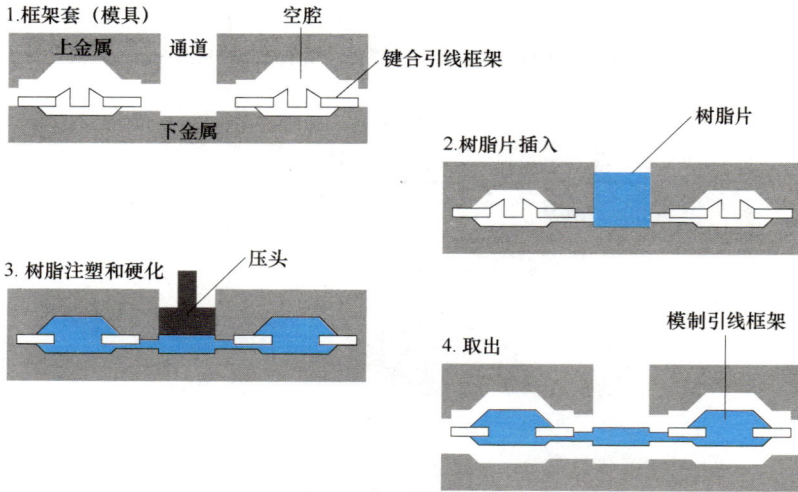

图 2-23　使用树脂密封芯片

在焊接工艺中，焊料会附着在引线未被树脂覆盖的部分（见图2-24）。

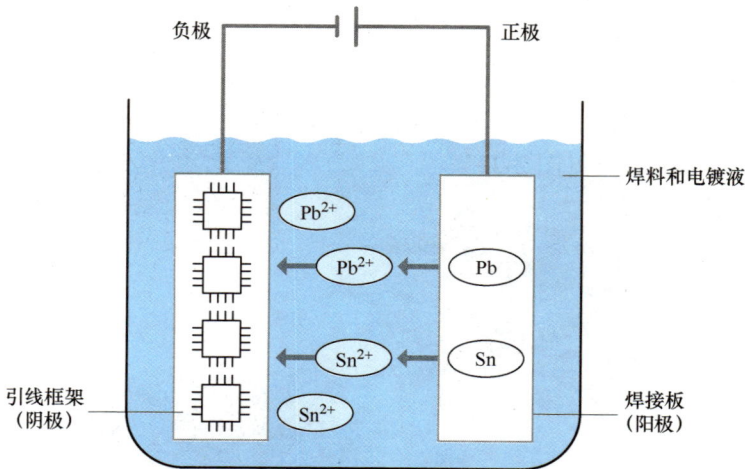

图 2-24　焊料通过焊接电镀附着在引线框架上

这么做是为了在 IC 安装到 PCB 上时便于焊接，并且增加引线的强度来应对引线工艺中对于引线的弯曲等施压。

在引线加工工艺中，根据模制封装的类型将引线弯曲成所需要的形状（见图 2-25）。

在打标中，使用激光或其他方法在模制封装表面印上产品名称、公司名称和批号等（见图 2-26）。

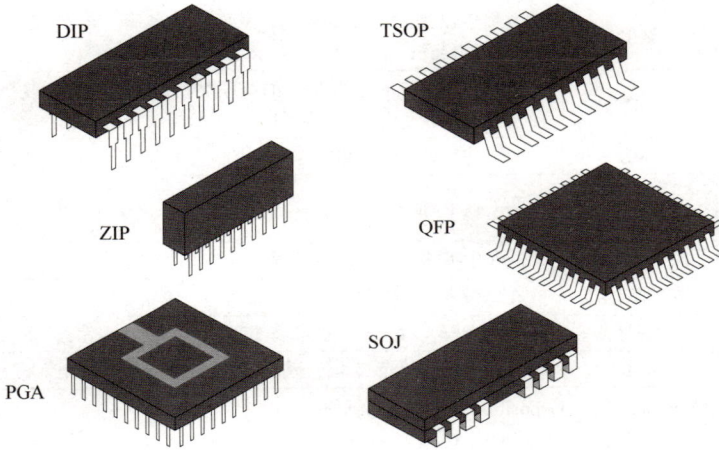

图 2-25 引线加工后的各种封装

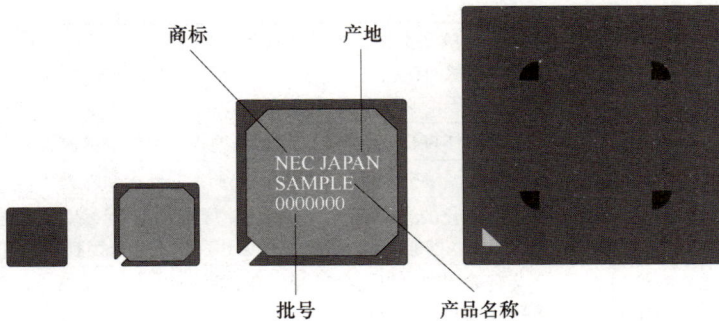

图 2-26 打标

2.4 半导体是如何制造的——第四类

第四类进一步详细介绍半导体的制造工程，按照图 2-27 和图 2-28 进行介绍。

薄膜形成 （FEOL）	热氧化	将晶圆置于高温氧化气氛中，硅（Si）和氧（O）会发生化学反应生成二氧化硅（SiO₂）薄膜。氧化气体包括干 O_2、湿 O_2 和蒸汽
	CVD①	化学气相沉积。通过等离子体、热量或其他能量促进含有待生长薄膜成分的气体（前驱体）发生化学反应，沉积出需要的薄膜。生长出的薄膜包括绝缘薄膜、半导体薄膜和导电薄膜
	PVD② （溅射）	通过氩原子（Ar）高速轰击加工成圆盘状的溅射靶，将成膜元素从靶上溅射出来附着在基板上，从而形成薄膜。与 CVD 相对，是 PVD（物理气相沉积）的一种
	ALD③	原子层沉积。根据要生长的薄膜类型，短时间内反复供应和排出多种原料气体，一层一层地沉积包含了所需成分的薄膜
薄膜形成 （BEOL）	CVD	与上述 CVD 基本相同
	PVD （溅射）	与上述 PVD 基本相同
	电镀	通过电镀法生长出较厚的铜（Cu）薄膜
光刻工艺	光刻胶旋涂	在薄膜上旋涂光刻胶
	曝光	通过掩模，对光刻胶进行局部照射
	显影	显影曝光过的光刻胶，掩模上的图案就被转印到光刻胶上

① CVD：Chemical Vapor Deposition，化学气相沉积。
② PVD：Physical Vapor Deposition，物理气相沉积。
③ ALD：Atomic Layer Deposition，原子层沉积。

图 2-27　半导体 IC 的制造工程（第四类 1）

刻蚀	干法刻蚀	用光刻胶图案作为掩模，利用反应气体、离子或自由基去除局部底层薄膜，从而在底层薄膜上形成图案。有反应气体刻蚀、等离子体刻蚀和反应离子刻蚀等类型
	湿法刻蚀	利用液体将材料薄膜的全部或者掩模定义的局部薄膜去除
掺杂	热扩散	利用高温热扩散把导电型杂质添加到晶圆表面附近
	离子注入	以图案化的光刻胶作为掩模，将导电型杂质注入晶圆表面附近。通过改变注入的能量和剂量（单位面积注入量）来控制杂质的深度和数量
平坦化	化学机械抛光 （CMP）	旋转晶圆同时引入抛光液，装上抛光垫，研磨晶圆上的薄膜和金属，使晶圆的顶面变平坦
前道工序（FEOL）的其他工艺和系统		
热处理	炉退火	把晶圆放入升温炉中退火
	快速热退火 （RTA）	利用红外灯对晶圆进行快速升温和降温处理
清洗	超纯水	利用超纯水清洗、冲洗并烘干晶圆
	湿法清洗	利用化学溶液清洗晶圆，然后用超纯水冲洗并干燥
晶圆检测	外观与特性检查	使用各种测量仪器测量晶圆的外观和器件的电气特性

图 2-28　半导体 IC 的制造工程（第四类 2）

▶ **薄膜形成**（FEOL）

首先，在图 2-27 中列举了"薄膜形成（FEOL）"的工艺有

1）热氧化。

2）CVD。

3）PVD（溅射）。

4）ALD。

热氧化工艺中，晶圆暴露在高温氧化性气氛中，硅和氧气发生化学反应，生成二氧化硅薄膜。氧化气体有干氧、湿氧和蒸汽（见图 2-29）。

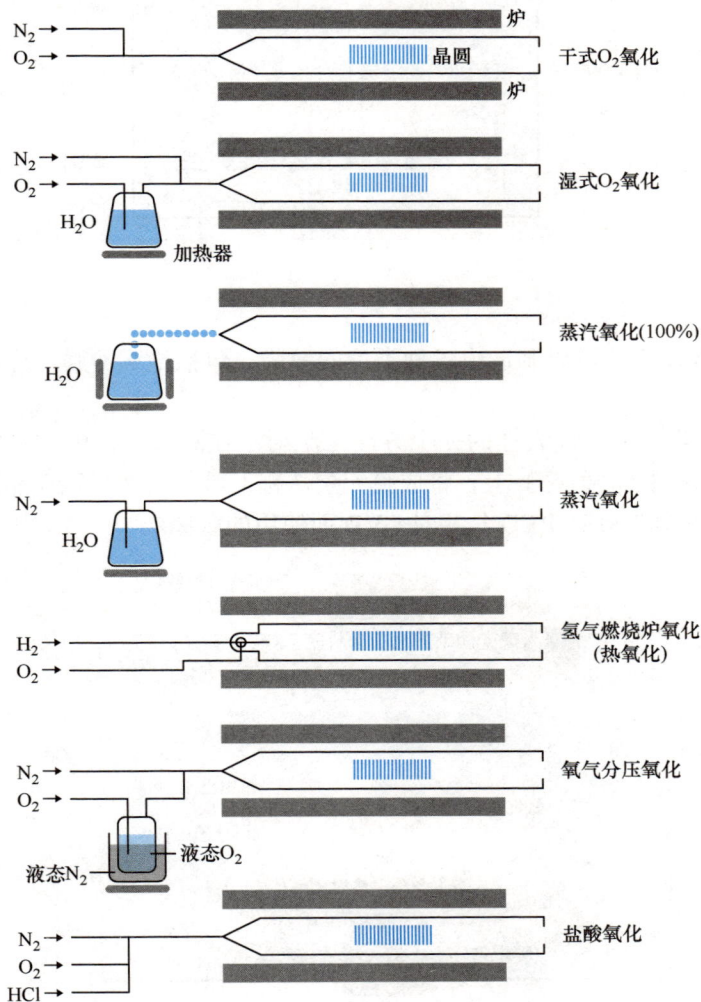

图 2-29　通过热氧化使晶圆暴露在气体中

　　通过热氧化形成的二氧化硅（SiO_2）薄膜是一个性能非常优越的绝缘体。同时，硅和二氧化硅薄膜之间的界面具有稳定的电气特性。这也是硅被广泛用作半导体材料的主要原因之一。

　　在CVD工艺中，根据要生长的薄膜类型，通过加热或等离子体来激发原料气体（前驱体），最后通过化学反应沉积出所需的薄膜（见图2-30）。

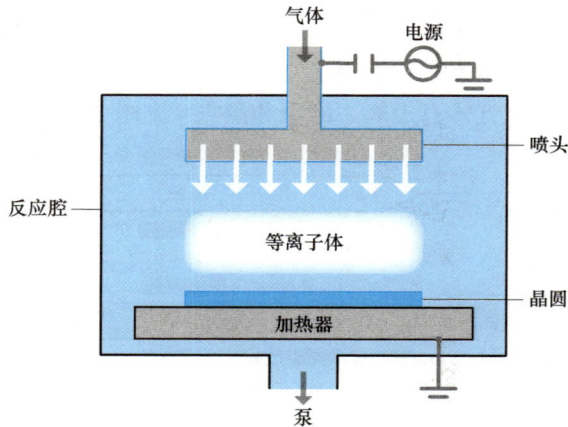

图2-30　等离子体CVD

　　通过CVD工艺可以制造出各种类型的薄膜，包括绝缘薄膜、导电薄膜和半导体薄膜。

　　PVD工艺中最具代表性的一个方法是溅射。在溅射工艺中，氩原子被高速轰击到薄膜材料（溅射靶）上，将成膜元素从靶上溅射出来沉积在晶圆上，从而形成薄膜（见图2-31）。PVD是相对CVD而使用的名称。

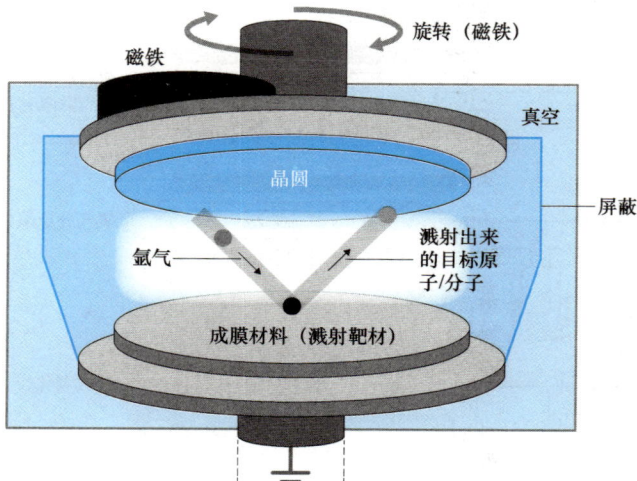

图2-31　溅射（PVD）

在 ALD 工艺中，根据要生长的薄膜类型，短时间内反复供应和排出多种原料气体，随后晶圆上一层一层地沉积包含了所需成分的薄膜（见图 2-32）。

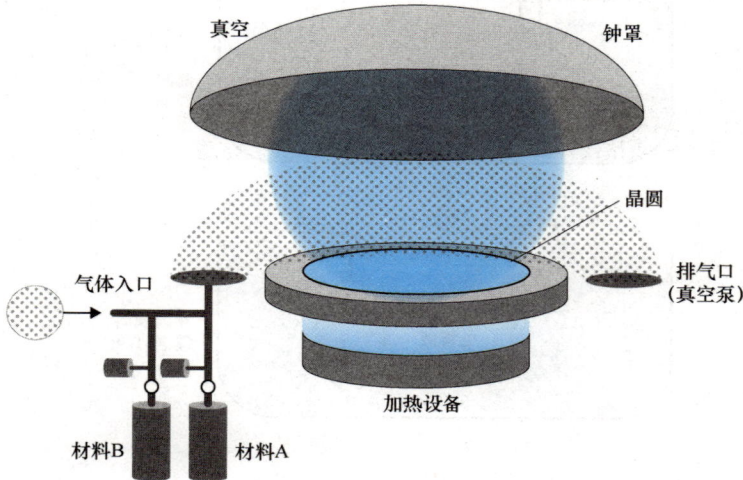

图 2-32　通过 ALD 形成需要的薄膜

▶ 薄膜形成（BEOL）

在图 2-27 中列举了"薄膜形成"（BEOL）的工艺有

1）CVD。

2）PVD。

3）电镀。

CVD、PVD 与 FEOL 中使用的方法基本相同。不过，在电镀中，通过电解电镀形成比较厚的铜膜（见图 2-33）。

▶ 光刻工艺

图 2-27 的"光刻工艺"中包含的工艺有

1）光刻胶旋涂。

2）曝光。

3）显影。

在旋涂光刻胶时，将光刻胶（光敏树脂）涂在材料薄膜上（见图 2-34）。

曝光时，光线通过掩模透明部分照射到光刻胶上（见图 2-35）。

显影时，对曝光过的光刻胶进行显影，将掩模上的图案转印到光刻胶上（见图 2-36）。

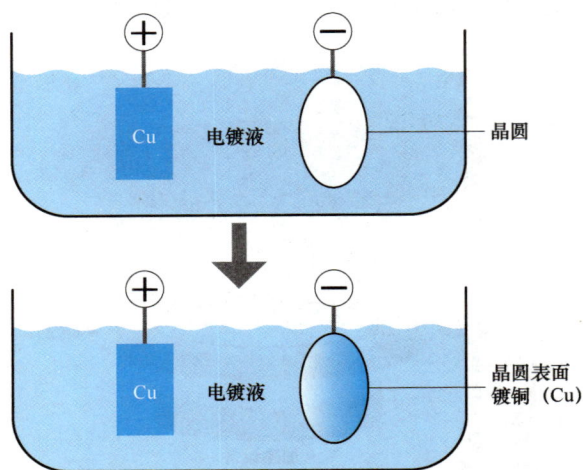

图 2-33　电解镀铜

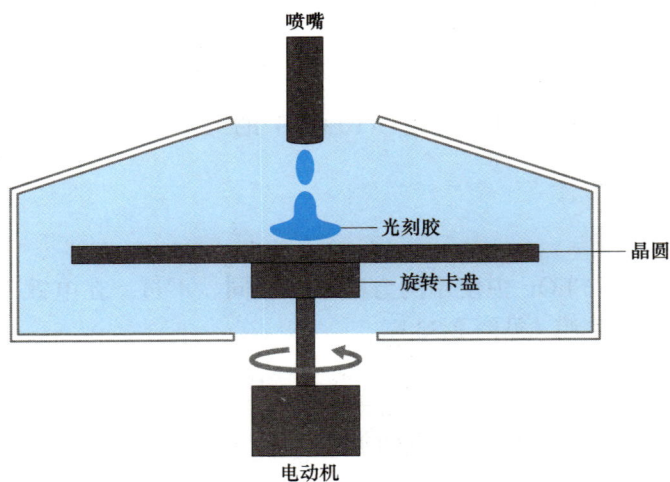

图 2-34　光刻胶旋涂

▶ 刻蚀工艺

图 2-28 中的"刻蚀"工艺包含了两类：

1）干法刻蚀。

2）湿法刻蚀。

光源

聚焦透镜

掩模

投影镜头

底座

移动 ← → 移动

↓ 移动

一次可绘制的区域

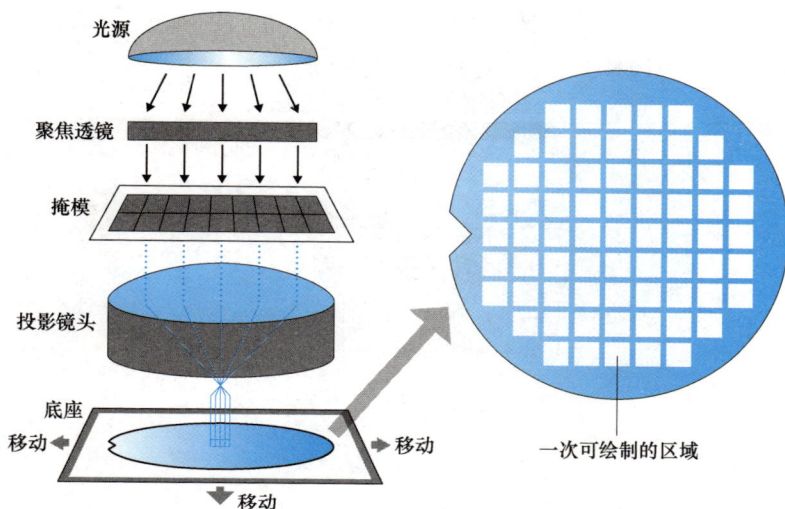

图 2-35　用步进式光刻机将光投射到光刻胶上（曝光）

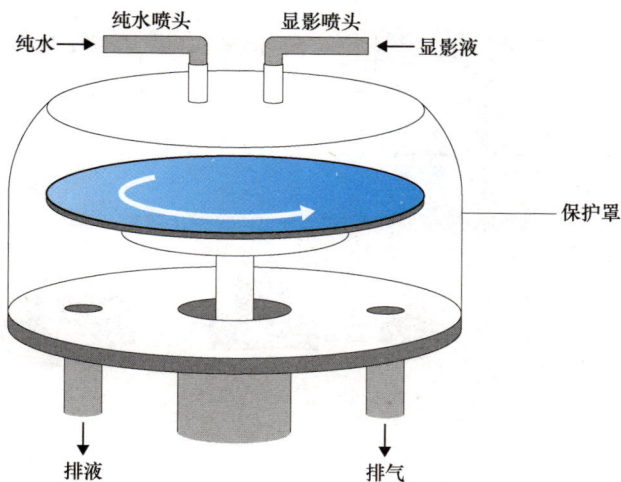

纯水 → 纯水喷头　显影喷头　← 显影液

保护罩

排液　　　　　　　　排气

图 2-36　光刻胶显影

　　在干法刻蚀中，光刻胶图案用作掩模，将底层薄膜使用反应气体、离子或自由基去除刻蚀的部分，从而在底层薄膜上形成图案。在此工艺中使用的是 ICP 干法刻蚀设备（刻蚀机）（见图 2-37）。

　　在湿法刻蚀中，使用化学溶液全面或局部去除材料薄膜（见图 2-38）。

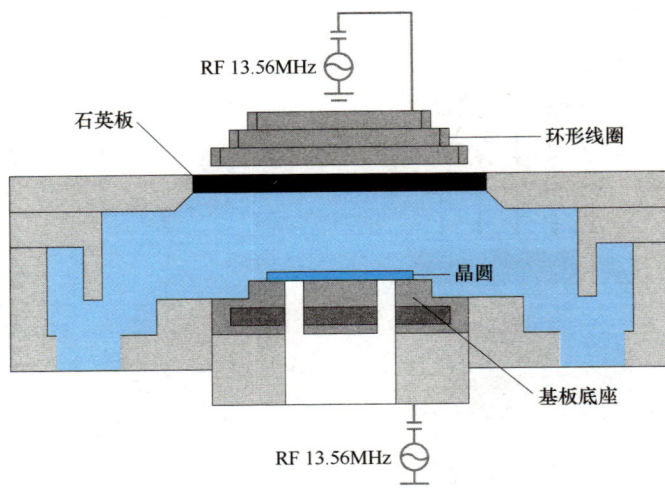

图 2-37　ICP 干法刻蚀机

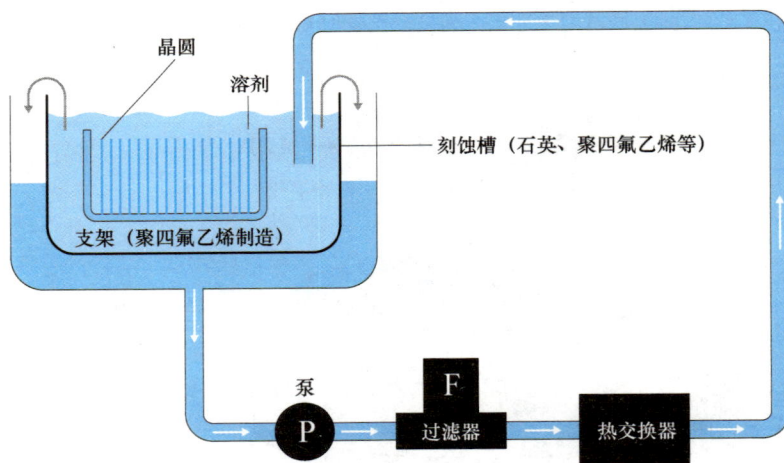

图 2-38　湿法刻蚀

▶ 杂质添加工艺

图 2-28 的"掺杂"工艺包含的工艺有

1）热扩散。

2）离子注入。

在热扩散中，利用热扩散现象，将导电型杂质添加到加热到高温的晶圆表面。

离子注入是以图案化的光刻胶为掩模，通过电场加速的导电型杂质离子注入晶圆表面附近（见图 2-39）。

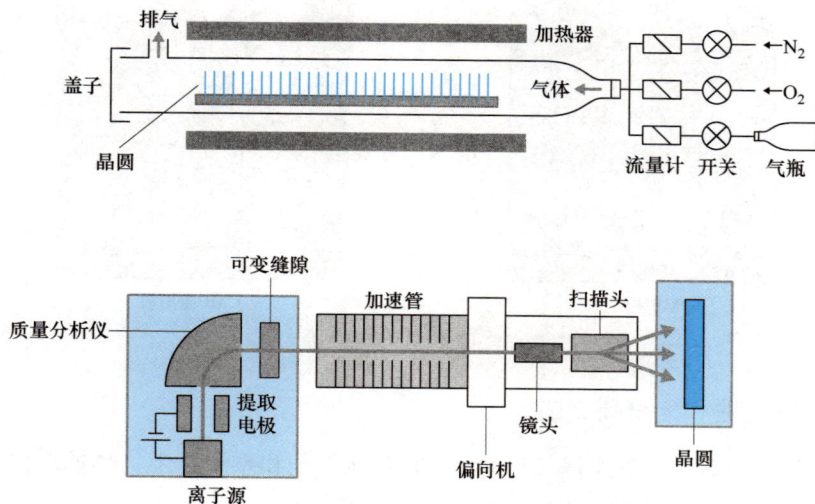

图 2-39 热扩散和离子注入

注入的导电型杂质的深度分布可通过改变注入能量来控制，导电型杂质离子的数量可通过改变剂量（单位面积的注入量）来控制。

▶ 平坦化 CMP 工艺

图 2-28 的"平坦化"用 CMP（Chemical Mechanical Polishing，化学机械抛光）来完成。在 CMP 工艺中，旋转晶圆同时引入抛光液（液体研磨剂），装上抛光垫，研磨晶圆上的薄膜和金属，使晶圆的顶面变平坦（见图 2-40）。图 2-41 显示了 CMP 使用前后的变化。

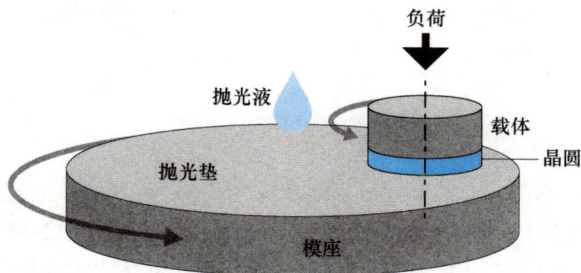

图 2-40 晶圆表面平坦化

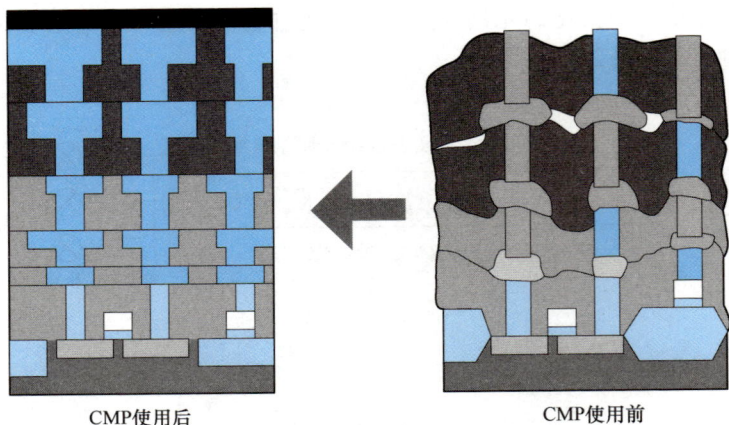

CMP使用后　　　　　　　　　　　　　CMP使用前

图 2-41　CMP 使用前后的对比

▶ 其他热处理和清洗等工艺

图 2-28 中的"前道工序（FEOL）的其他工艺和系统"中，热处理包括了炉退火和 RTA（Rapid Thermal Annealing，快速热退火）。

在炉退火中，晶圆会被放置在温度升高的炉内，并在氮气等惰性气体中进行热处理（见图 2-42）。

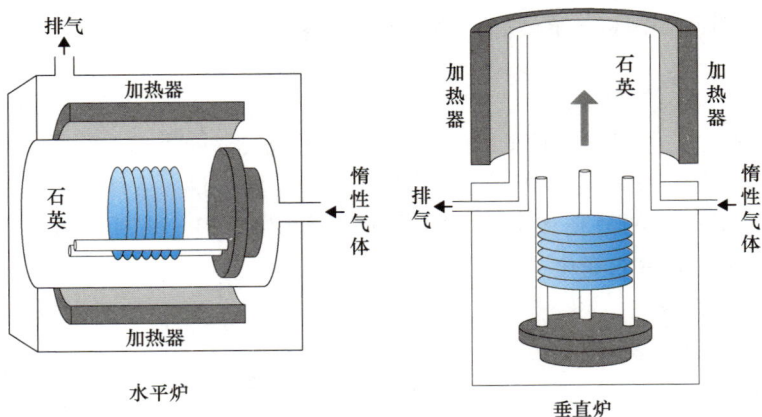

水平炉　　　　　　　　　　　　　　垂直炉

图 2-42　炉退火热处理

在 RTA（快速热退火）中，晶圆被放置在惰性气体或真空并装有多个红外灯的密室中，通过红外灯的电流切换来快速升温和降温（见图 2-43）。

图 2-28 中的"清洗"包括超纯水清洗和利用药品的化学湿法清洗。"超纯水"是通过各种工艺去除颗粒、有机物和气体等杂质的纯净的水。使用超纯水来清洗

晶圆，随后烘干。

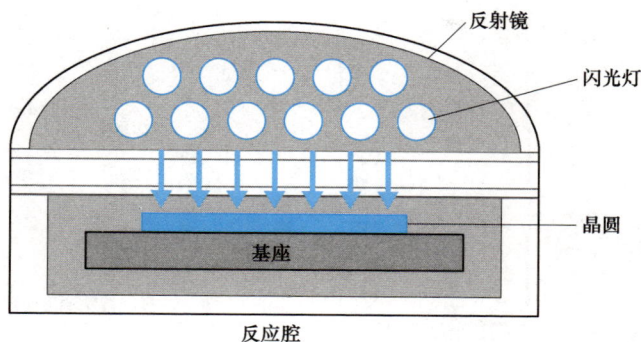

图 2-43　室温处理（RTA）

　　在利用药品的湿法清洗工艺中，用化学溶液来清洗晶圆，再用超纯水冲洗，最后烘干（见图 2-44）。

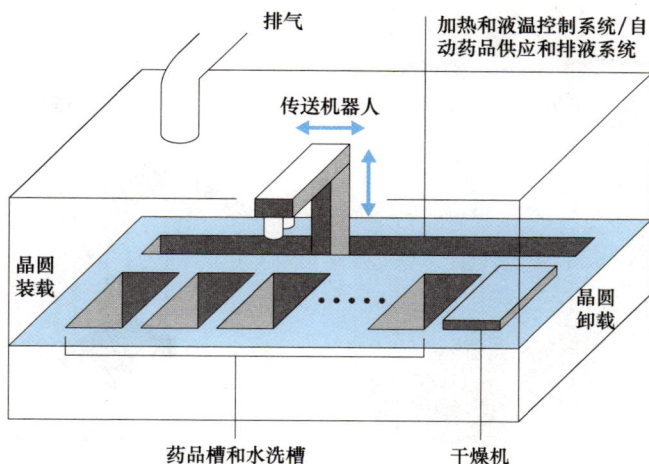

图 2-44　药品湿法清洗

　　图 2-28 中的最后一个阶段"晶圆检测"，则要求使用各种测量仪器适当地测量前道工序中晶圆的外观和特性（见图 2-45）。

　　在传送系统中，使用 AGV（Automatic Guided Vehicle，自动导引车，也称为无人搬运车、无人搬运机器人）、OHT（Overhead Hoist Transport，天车搬运系统）和其他传送设备作为自动晶圆传送系统，在无尘室的各工艺之间传送晶圆（见图 2-46）。直线电动机驱动的 OHT 特别用于在各工艺之间传送存放在承载箱中的晶圆，以及在储存器（晶圆的临时储存设施）之间传送晶圆。直线电动机驱动的高架运输是循环式的。

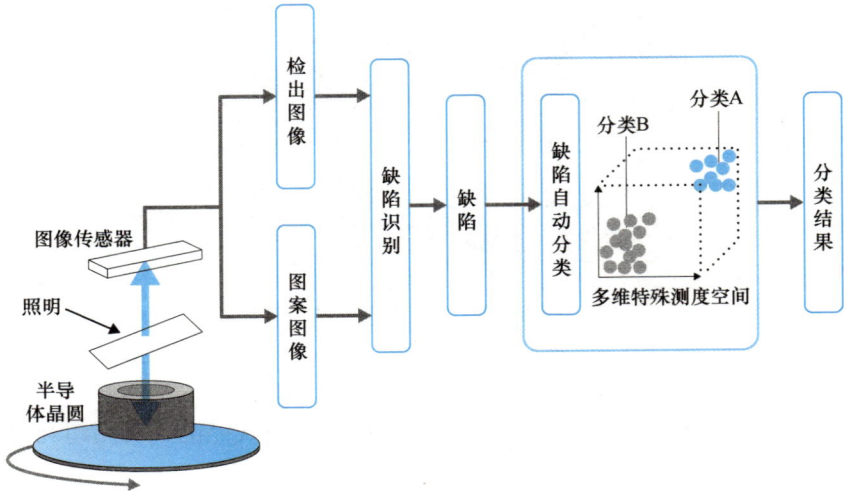

图 2-45　晶圆检测

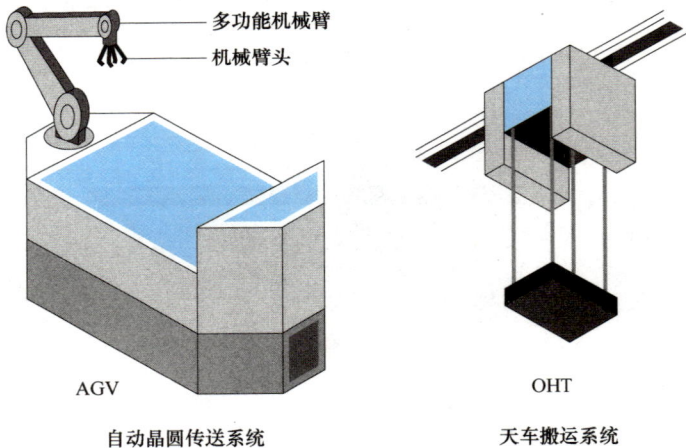

图 2-46　工艺间晶圆传送的设备

制造工程的设备管理、数据收集与保存、统计处理与判断等产品和生产线的控制、监测和管理等，均通过一个称为"CIM 系统"的系统来进行。

2.5　半导体制造流程相关行业

图 2-47 显示了与 2.1~2.4 节所示半导体制造工程中每道工艺相关的行业（设

备和材料行业）的业务分类，以 2.4 节中的第四类为主。

半导体制造工程	设备	材料
设计	EDA 工具（电子数据处理工具）	
掩模		掩模
晶圆		晶圆（直径 6in、8 in、12 in、18 in）
热氧化	热氧化炉	氧化气体（干 O_2、湿 O_2、蒸汽）
CVD	CVD 设备	原料气体
PVD	溅射设备	溅射靶材
ALD	ALD 设备	原料气体
电镀	电镀设备	镀铜溶液
光刻胶旋涂	涂胶机	光刻胶
曝光	曝光机（KrF、ArF、ArF 浸透、EUV、步进式光刻机、扫描式光刻机）	掩模
显影	显影机（developer）	显影液
干法刻蚀	干法刻蚀机	刻蚀气体
湿法刻蚀	湿法刻蚀机	药品
热扩散	扩散炉	导电型杂质气体
离子注入	离子注入机	导电型杂质气体
CMP	CMP 设备	抛光液
炉退火	热处理炉	氮气等
RTA	灯退火炉	氮气等
超纯水	超纯水供应设备	
晶圆探针检测	测试仪	探测台、测试卡（组件）
晶圆传送	AGV、OHT、OHS	
晶圆检测	自动外观检测设备、显微镜	
CIM	CIM 系统（生产控制、工艺监控和数据分析系统）	
切割	切割机	
贴片	贴片机	导线架
键合	键合机	金丝、铝丝等细丝
树脂密封	树脂密封机	热固性树脂
焊料电镀	焊料电镀槽	焊料
引线加工	引线加工机	
打标	打标机	
可靠性测试	BT 炉	
最终检查	测试仪	

图 2-47　按第四类对半导体制造设备和材料行业进行的划分

1. 设计——晶圆

在"设计"方面，EDA 供应商提供包括各种模拟的器件与工艺设计、系统与电路设计、掩模设计的硬件和软件 EDA 工具。

掩模由掩模制造商生产，提供给半导体制造商。用于步进式光刻机和步进扫描投影式光刻机（Scanner，简称扫描式光刻机）的掩模利用石英基板上的铬等作遮光材料，转印的图案尺寸会比实际图案大四倍。

为了提高图案转印的保真度，使用了各种高分辨率技术。用于 EUV 曝光的掩模只能采用"反射型"膜，具有由多层钼和硅组成的复杂结构。

晶圆有各种直径（6in$^{\ominus}$、8in、12in、18in）。根据制造的器件不同，具有不同的电气特性。直径较大的晶圆用于更先进的生产线，但截至 2022 年 7 月，还没有任何地方存在 18in 基板的生产线。

如上所述，18in 晶圆确实是存在的，但主要由于经济因素（能否适当降低成本）和技术难题，半导体制造商还无法下决心建造 18in 的晶圆厂。因此，目前用于量产的晶圆最大直径还是 12in。

2. 热氧化——镀铜

热氧化工艺将晶圆放置到加热并导入了氧化气体（干 O_2、湿 O_2、蒸汽等）的石英管等管子中处理，也称为氧化炉。氧化炉有两种类型：带有垂直炉心管的垂直炉和带有水平炉心管的水平炉。

CVD 工艺使用 CVD 设备，根据要沉积的材料薄膜类型导入原料气体，利用加热或等离子体等能量使气体间发生化学反应，在晶圆上沉积各种类型的薄膜。

PVD 工艺的典型例子是溅射。溅射设备将氩气加速轰击到成膜材料制成的溅射靶圆盘上，使材料分子飞出来并沉积到晶圆上，生长出薄膜。

ALD 工艺使用 ALD 设备，通过在短时间内反复供应和排出多种原料气体（前驱体），一次形成一个原子层，最终形成具有所需成分的薄膜。

电镀工艺使用电镀设备，通过电解电镀铜溶液形成相对较厚的铜膜。

3. 光刻胶旋涂——刻蚀（干法刻蚀、湿法刻蚀）

光刻胶旋涂工艺使用涂胶机将光刻胶旋涂到各种薄膜上。根据曝光的光源不同，光刻胶有正型、负型和化学增幅型等多种类型。

曝光工艺是指使用曝光机（步进式光刻机或扫描式光刻机）、光源（KrF 准分

$\ominus$　1in=0.0254m。

子激光器、ArF 准分子激光器、ArF 浸透等）通过掩模来进行尺寸缩小曝光。所以，步进式光刻机或扫描式光刻机有时也称为缩小投影曝光机。由于 EUV 光源的波长太短，无法使用透过型掩模，因此需要使用特殊和复杂的掩模作为反射掩模。

显影工艺使用显影机将曝光的晶圆置于显影机溶液中进行显影，将掩模图案的缩小图案转印到光刻胶上。

干法刻蚀工艺使用干法刻蚀机，根据要刻蚀的材料选择适当的刻蚀气体，用等离子体等能量激发气体，局部去除掩模未覆盖区域的底层材料薄膜，从而将光刻胶图案转印到薄膜图案上。

湿法刻蚀工艺使用湿法刻蚀机，根据材料层选择合适的化学溶液，通过溶解局部或全部去除材料薄膜。

4. 扩散（热扩散）——RTA

热扩散工艺把晶圆放置在加热的扩散炉中，导入导电型杂质气体，添加到晶圆表面附近或晶圆上形成的半导体薄膜中。

离子注入工艺使用离子注入机将电场加速的导电型杂质离子部分或全部注入晶圆表面附近或晶圆上形成的半导体薄膜中。

CMP 工艺使用 CMP 设备一边在表面注入一种称为抛光液的胶体研磨液，一边对晶圆上的绝缘薄膜和导电薄膜进行抛光，使表面平整。

炉退火工艺在热处理炉中提高晶圆的温度，通入氮气等惰性气体，对其进行热处理。

RTA 工艺使用红外线灯退火炉，在惰性气体或真空中将晶圆快速升温或降温，从而实现在短时间内退火。

超纯水工艺是去除了细小颗粒和有机物的纯水。晶圆就是用超纯水清洗的。

5. 良品检测——运输和 CIM 控制

晶圆探针检测工艺将与测试仪相连的探针与在硅成品晶圆上每个 IC 芯片的外部电极接触，根据产品标准测量其特性，分出良品和不良品。

晶圆传送系统有 AGV、OHT 和 OHS，在无尘室的各制造工艺之间传送晶圆。

晶圆检测工艺使用显微镜对晶圆外观进行目视检查。

CIM 系统是在前道工序中进行设备的工作条件控制、在线下载、设备和传送机控制、数据收集和分析、统计处理的系统。CIM 系统可以在公司内部建立，也可以外包给外部公司，或者两者结合使用。

6. 切割——树脂密封

切割工艺将经过晶圆检测的晶圆通过背面研磨减薄，然后使用切割机沿着芯片周围的刻线（切线）切割成单个芯片。

封装工程中的贴片，也称为芯片键合，是使用银浆或类似材料将良好的芯片固定到引线框架的基座上。

引线键合工艺使用称为键合机的设备，用细金线或铝线把芯片上的电极与引线框架上的引线逐一连接起来。

在树脂密封工艺中，使用树脂密封机将键合好的芯片用热固性树脂包封起来。

7. 电镀——最终检查

焊锡电镀工艺是指在引线框架上未被树脂覆盖的引线用焊锡电镀。这是为了便于安装到 PCB 上，并提高引线弯曲的加工强度。

在引线加工工艺中，使用引线加工机将引线加工成所需的形状。在打标工艺中，IC 的产品名称、公司名称和批号通过激光印到模制封装的表面上。

可靠性测试工艺中，通过在 BT 炉中施加电压和提高温度来进行加速可靠性测试，以检查成品 IC 的可靠性。

在最终检查工艺中，按照产品标准，使用测试仪检查和判断 IC 是否是良品。

半导体制造中的 CIM 系统有一个重要的功能是 SPC（统计过程控制）。这个系统对主要制造工程如器件尺寸等的完成情况进行统计处理，以判断工作是否正确进行并提供反馈。

具体来说，判断数据是否在规定值范围内是理所应当的，即便在规定值范围内，也需要根据以下标准来统计判断工艺处理是否稳定。

- 数据变化是上升还是下降？
- 数据变化是否有剧烈的起伏？
- 与之前的数据变化（如一个月、一周等）相比如何？

如果 CIM 系统判断存在"异常！"，则会触发警报，责任工程师采取行动，起到防止异常情况发生的作用。

专栏　图像、矩阵和英伟达

数字显示（如液晶电视和有机发光二极管）的图像由被称为像素（pixel）的具有色彩信息（色调或色阶）的最小单元集合而成。组成图像的像素通常按垂直和水平网格排列。像素数定义为"垂直像素 × 水平像素"。因此，120 万像素意味着垂直 1280 像素 × 水平 960 像素以网格形式排列。用最近的智能手机来说，这意味着全高清（1920×1080）显示屏具有 200 万像素的分辨率。

要利用这种阵列构建图像，必须指定每个像素的颜色信息。如要显示视频，每个像素的状态必须随时间变化。

显示静止画面或动画就必须指定每个像素的状态及其变化，但只要将二维像素阵列视为单个集合对象，即矩阵（matrix），并对其进行各种处理，就能显示所需的静止画面或动画。为此，需要使用线性代数这一数学分支进行各种矩阵运算。

矩阵的加法相当于画面的叠加，矩阵的减法相当于画面的反叠加。特殊形式的矩阵乘法可以处理缩放、翻转、旋转和分解图像，尤其适用于视频处理。

然而，即使是最简单的矩阵乘法也很复杂。1280×960 矩阵的乘法需要大量的乘法和加法运算（将乘法结果相加的计算）。在视频处理中，使用通用 CPU 执行这些乘积相加运算的效率太低，因此需要专门处理乘积相加运算的 GPU（图形处理器）。专注这种 GPU 开发的英伟达取得了飞跃的发展。

集成电路产业链和代表性公司

3.1 生产半导体产品的行业

半导体产业由众多行业组成，本章将介绍这些行业的业务内容以及此行业的代表性制造商。当谈到"半导体制造商"一词时，所指的范围因人而异。在本书中，我们将其定义为最为普遍的范围，即能在公司内部规划、开发有需求的半导体，并将其产品化的行业半导体制造商包括 IDM（垂直整合器件制造商）公司、Fabless（无晶圆厂模式）公司，以及大型 IT 公司等。

1. IDM 公司

如第 1 章所述，IDM 公司指的是"从半导体设计到制造再到销售，全部由自行完成的公司"。代表性的 IDM 公司及其主要产品如图 3-1 所示。关于产品的详细信息，请参见第 4 章的图 4-23。

英特尔的主要半导体产品是 MPU，英特尔即是在个人计算机等设备上贴有的"Intel Inside"（英特尔在里面）的公司。MPU 也被称为 CPU（中央处理器）或 microprocessor（微处理器），相当于计算机的"脑部"的有重要意义的半导体。

相对而言，三星电子、SK 海力士、美光科技，以及铠侠、西部数据等公司的主要半导体产品为存储器，被称为 DRAM 以及闪存存储器，都是相当于与"记忆"有关的产品。

三星电子近年来在 CMOS 图像传感器领域的进展显著，推出了 2 亿像素的图像传感器，猛追第一位的索尼。此外，德州仪器的主要产品是 DSP 和 MCU。

索尼的主要半导体产品是图像传感器。英飞凌科技和恩智浦的主要产品也是 MCU。意法半导体（ST）则生产 MCU、ADC 等产品。简单来说，MCU 和英特尔的 MPU 之间的区别在于，MPU 是高性能产品，而 MCU 则是一般用途的产品。尽管没有严格的界定，但 MCU 通常以 4 位、8 位或 16 位的产品较多，而 MPU 的产品则通常为 32 位以上。

英特尔	MPU、NOR Flash（代码型闪存芯片）、GPU、SSD、芯片组体
三星电子	存储器（DRAM、NAND 闪存）、图像传感器
SK 海力士	存储器（DRAM、NAND 闪存）
德州仪器（TI）	DSP、MCU
英飞凌科技	MCU、LED 驱动器、传感器
铠侠	存储器（NAND 闪存）
意法半导体（ST）	MCU、ADC
索尼	图像传感器
恩智浦	MCU，ARM 内核
西部数据	存储器（NAND 闪存、SSD）

注：MPU—微处理器，SSD—固态硬盘，DRAM—动态随机存储器，MCU—微控制器，LED—发光二极管，ADC—模数转换器，GPU—图形处理器，DSP—数字信号处理器。

图 3-1　代表性的 IDM 公司及其主要产品

2. Fabless 公司

Fabless，其字面意思即是没有"Fab"（半导体制造设备）、专注于设计的公司。设计完成后，他们会将生产委托给 Foundry 公司（前端制造）或 OSAT 公司（后端封装和测试）。图 3-2 所示为一些典型的 Fabless 公司及其主要产品。

高通的主要产品是 Snapdragon 系列，是基于 ARM 的 CPU 架构，主要用于智能手机等移动设备。博通的主要产品是用于无线和通信基础设施的网络处理器。英伟达的主要产品是 GPU，应用于高性能游戏等复杂图像处理，以及加密货币比特币的挖矿。联发科技的主要产品是对应 5G 智能手机的处理器。AMD 的主要产品是计算机、图形设备、家用电器用的微处理器。海思是华为旗下的芯片设计公司，其主要产品是 ARM SoC、CPU、GPU 等。赛灵思的主要产品是以

FPGA 为主的可编程器件。赛灵思于 2022 年 2 月被 AMD 收购，现在称为 AMD-赛灵思。美满电子的主要产品是以网络为中心的系列产品。信芯（MegaChips）生产基于模数转换技术，用于游戏机的 LSI 等。赛恩电子（THine）的主要产品是基于模数转换技术的互连用 LSI 等。

高通	Snapdragon 系列基于 ARM 的 CPU 架构、移动 SoC
博通	无线（宽带）、通信基础设施
英伟达	GPU、移动 SoC、芯片组
联发科技	面向智能手机的处理器
超威半导体（AMD）	嵌入式处理器、计算机、GPU、MCU
海思	基于 ARM 架构的 SoC、CPU、GPU
赛灵思	以 FPGA 为主的可编程逻辑器件
美满电子	网络相关产品
信芯（MegaChips）	游戏机相关产品
赛恩电子（THine Electronics）	界面产品

注：FPGA—Field Programmable Gate Array，现场可编程门阵列。

图 3-2　典型的 Fabless 公司及其主要产品

3. 大型 IT 公司

谷歌、苹果、Meta（原 Facebook）、亚马逊这些公司在 Facebook 于 2021 年更名为 Meta 之前，他们被称为 GAFA，取自每一个公司名称的首字母，是无人不知的超大型公司。

关于 GAFA 的这些公司，有人可能会认为"它们不是半导体制造商，只是使用半导体产品而已吧？"，但实际上，这些公司也在设计半导体产品，这一点并不广为人知。

例如，谷歌的主要产品是用于机器学习的 TPU（Tensor Processing Unit，张量处理器）。苹果设计应用处理器，亚马逊和 Meta 也主要设计 AI（人工智能）芯片。

除此之外，还有其他大型 IT 公司，如思科和诺基亚等。

不过，这些公司开发半导体主要是为了用在自家产品（见图 3-3），很少对外销售。例如，思科主要制造用于网络的处理器，诺基亚则制造基站用半导体产品。

谷歌	机器学习用处理器 TPU
苹果	应用处理器
亚马逊	AI 用芯片
Meta（原 Facebook）	AI 用芯片
思科	网络处理器
诺基亚	基站用半导体

注：TPU—Tensor Processing Unit，张量处理器；AI—Artificial Intelligence，人工智能。

图 3-3　GAFA 等大型 IT 公司所制造的主要芯片

▶ AI 加速器

图 3-3 所示的大型 IT 公司为自用而独立开发的 IC 芯片一般被称为 "AI 加速器"。

AI 加速器所指的是用于加速和增强 AI 功能的设备，特别是为加速深度学习和机器学习而特别设计的硬件或计算机系统。通过 AI 加速器，可以在降低机器学习时间和耗电的同时，高效地进行 AI 处理。

谷歌独自开发并搭载在其安卓智能手机 "Pixel 6" 上的 TPU，是专为机器学习设计的 AI 加速器。这里 TPU 中的 T（Tensor，张量）是指用多维数组表示的线性量，在机器学习的计算处理中被广泛使用。通常的数字是 0 阶的张量，向量是 1 阶的张量，矩阵是 2 阶的张量，而原本的张量是 3 阶以上的线性量。

3.2　半导体受托制造公司

▶ 为什么出现了 Foundry 公司和 OSAT 公司

有一些公司，如 Fabless 公司、大型 IT 公司，有时甚至是 IDM 公司会将设计的半导体产品的生产外包出去，这就形成了一个外包生产的行业。其中有：

1）专门承接前端制造的公司，被称为 Foundry 公司。

2）承接后端封装和测试的公司，被称为 OSAT 公司。

以前，谈到 "半导体生产" 是指从设计到制造、销售，所有环节都由自家一手包办的 IDM 公司进行半导体生产。然而，自从 20 世纪 90 年代之后，作为半导体产业水平分工的一个环节，开始兴起既是 Foundry 公司和 OSAT 公司这种商业模式。

那么，为什么会出现半导体的外包生产服务呢？原因有很多。首先，因为半导体微细化技术的迅速进步，使建设、维护和改进半导体生产线（生产设施）需要巨额投资和技术实力。由此，即使是 IDM 公司，也逐渐无法独自进行尖端技术的半导体生产了。

另外，Foundry 公司和 OSAT 公司也有"缓冲候补角色"的利用价值，可以根据半导体产品的供需平衡来委托 Foundry 公司和 OSAT 公司生产。此外，有些产品外包生产在成本和交货期方面更具优势等，这些都是主要原因。

随着半导体外包生产服务的普及，特别是前端制造的代工厂服务的定型化，大型 IDM 公司不仅使用由投入巨资建设的最先进工厂设备制造的自家产品，还通过提供代工厂服务（承接其他公司的制造需求）来提高利润。接下来，我们来看一下具有代表性的 Foundry 公司（见图 3-4）和 OSAT 公司（见图 3-5）。

台积电（TSMC）	中国
三星电子，也是 IDM 公司	韩国
格罗方德半导体	美国
中芯国际（SMIC）	中国
联华电子（UMC）	中国
高塔半导体（2022 年 2 月被英特尔收购）	以色列
力积电（PSMC）	中国
世界先进集成电路（VIS）	中国
华虹半导体（Hua Hong）	中国
东部高科（Dongbu Hitek）	韩国

图 3-4　全球具有代表性的 Foundry 公司

日月光（ASE）	中国
安靠科技（Amkor）	美国
长电科技（JCET）	中国
矽品精密（SPIL）	中国
力成科技（PTI）	中国
华天科技（HuaTian）	中国
天水华天（TFME）	中国
京元电子（KYEC）	中国

图 3-5　具有代表性的 OSAT 公司

▶ 什么是 Foundry 公司

Foundry 公司基本上是指自己不设计半导体产品，而是承包制造 Fabless 公司或大型 IT 公司设计的半导体产品的公司。图 3-4 列出了 10 家主要的 Foundry 公司，并对每家公司进行了简要介绍。

首先是台积电（TSMC）。该公司的名字经常见诸报端，台积电是全球最大的 Foundry 公司，日本邀请其在熊本建厂的决定也成为当时的头条新闻。

三星电子是一家罕见的既是 IDM 公司又是代工先进半导体产品的 Foundry 公司。

全球第三大 Foundry 公司是格罗方德半导体，它是由 AMD 的半导体制造部门和前 IBM 半导体部门组成的公司。

联华电子是中国台湾地区第一家半导体公司，其是从中国台湾地区"工业技术研究院"（ITRI）分离出来的。中芯国际（SMIC）是中国大陆第一家 Foundry 公司。

高塔半导体在以色列、美国、日本和意大利设有四家工厂（2022 年 2 月被英特尔收购）。

力积电（PSMC）也在努力通过使用传统技术来减少投资，同时还在尝试开放式代工方法，即向客户租用制造设备来制造产品。

世界先进集成电路（VIS）是台积电旗下一家专门从事 200mm 晶圆代工的公司。

华虹半导体，与另一家宏力半导体合并为一家公司。

东部高科（Dongbu Hitek）专注于多品种、小批量的产品。

▶ 具有代表性的 OSAT 公司

世界最大的 OSAT 公司是日月光（ASE）。日月光已经将其四家工厂卖给了一家私募股权基金（专门投资具有成长潜力的未上市公司的基金）。

安靠科技是 OSAT 行业的先驱。长电科技（JCET）也是知名的 OSAT 公司。矽品精密（SPIL）与 EMS 巨头鸿海精密工业（Foxconn）有资本合作。力成科技（PTI）已经将泰瑞达（Teradyne）（一家只进行半导体测试的公司）子公司化。

此外知名的公司还有通富微电和华天科技，以及京元电子（KYEC）等。

▶ OSAT 公司的实际情况

在半导体制造的外包行业中，相对于台积电这样承包前端制造经常受到关注的"晶圆代工厂"，负责后端封装和测试的"OSAT 公司"反而没有那么引人注目。但在这里，我们将探讨一下 OSAT 公司的实际情况。

图 3-6 展示了全球 OSAT 市场的规模和主要公司的市场份额。2017 年，OSAT 市场的规模为 271 亿美元，这大约是全球最大 Foundry 公司台积电的一半。

从中可以看出，OSAT 公司和 Foundry 公司之间存在着市场规模上的巨大差异。

此外，OSAT 领域并没有特别突出的巨头公司，市场份额分布在众多公司之间。因此，全球 OSAT 公司的数量超过 370 家，其中尤其集中在中国。

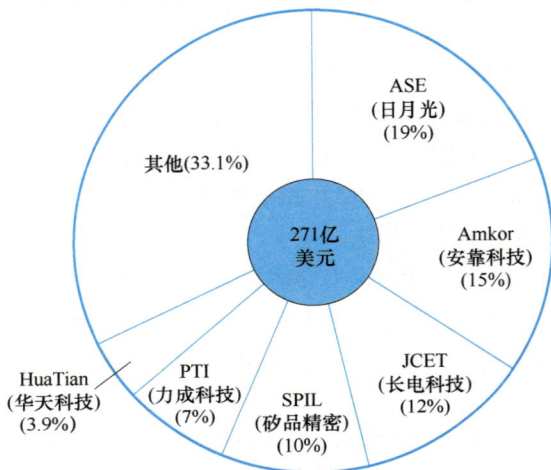

出处：根据Semiconductor Portal, Inc.的数据进行编制。

图 3-6　OSAT 市场规模及其制造商的市场份额

3.3　EDA 供应商

大家可能也经常听到 EDA 供应商这个词。EDA 供应商指的是提供设计自动化电子硬件和软件的公司。

这些公司面向 IDM 公司和 Fabless 公司，提供半导体设计工具（EDA 工具），包括逻辑综合、电路设计、模式设计、布局设计，以及用于验证这些设计的硬件和软件工具。此外，他们还提供用于进行设备、工艺、电路、系统等仿真的工具（见图 3-7）。

另外，一些大型供应商还拥有自家开发的 IP（知识产权），并作为"IP 供应商"存在。

被称为 EDA 供应商三巨头的是，图 3-7 中所示的美国的新思科技（Synopsys）和楷登电子（Cadence），以及德国的西门子 EDA。

其他的 EDA 供应商包括美国的 Aldec，其在日本设有 Aldec 日本（Aldec Japan）。日本的图研（zuken）则是从原先的精工仪器的 EDA 事业部独立出来的公司。Vennsa 和非上市公司 Silvaco 也是 EDA 供应商的一员。

新思科技（Synopsys）	美国
楷登电子（Cadence）	美国
西门子 EDA（Siemens EDA）	德国
Aldec	美国
图研（zuken）	日本
Vennsa	加拿大
Silvaco	美国

注："供应商"一词，原本是指将产品送达用户的"销售公司"。在半导体行业中称为"EDA 供应商"或"IP 供应商"，是因为这些公司提供设计用工具等作为知识产权。

图 3-7　具有代表性的 EDA 供应商

► **EDA 工具的典型设计——层次化自动设计**

如前所述，EDA 供应商向 IDM 公司、大型 IT 公司、Fabless 公司和 IP 供应商等提供各种半导体设计工具，以支持这些用户的半导体产品（IC）的设计。

EDA 工具中的一个典型代表是 IC（LSI）的层次化自动设计工具，其概述如图 3-8 所示。设计流程从基于产品规格的系统设计开始，经过功能设计、逻辑设计、布局设计，最终到掩模数据的生成。在这些设计流程的每个阶段，都会使用到相应的 EDA 工具。

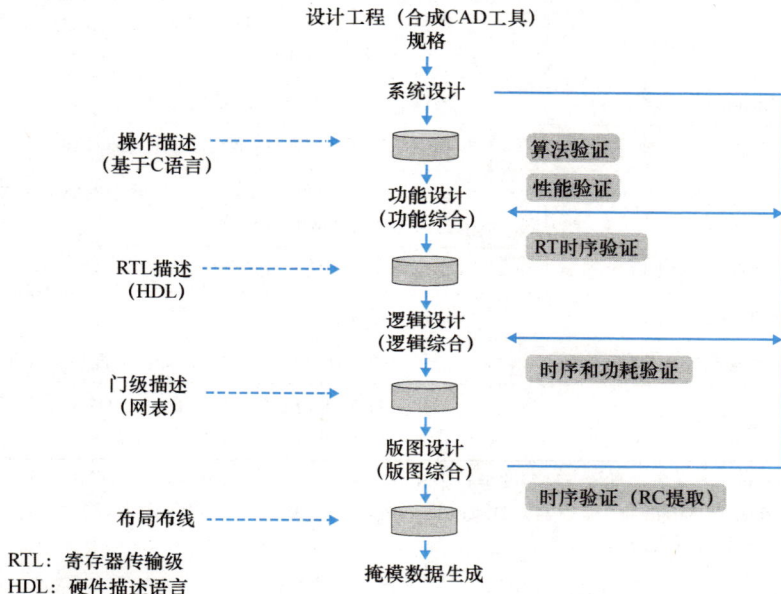

图 3-8　层次化自动设计

3.4　IP 供应商

▶ IP 供应商是 "提供功能模块的公司"

IP 供应商是为 IDM 公司或 Fabless 公司提供设计半导体时所需的 "IP"（Intellectual Property，知识产权）的公司。IP 供应商也常被称为 IP 提供商。

本来，IP 指的是 "知识产权"，代表着专利等知识产权。然而，在半导体领域中，MPU 或存储器等功能模块也被视为 "知识产权"，因此被称为 IP 或宏模块。

各个 IP 供应商根据半导体的用途和领域，开发并持有具有优势的 IP。IDM 公司和 Fabless 公司通过有效利用这些 IP，可以更快地设计优秀的 LSI。

图 3-9 所示为全球 10 家主要的 IP 供应商及其主要业务内容。

安谋（英国）	设计并授权用于从嵌入式设备和低功耗应用到超级计算机的各种设备的架构
新思科技（美国）	提供与业界广泛使用的接口规范兼容的、经验丰富的 IP 解决方案
楷登电子（美国）	提供基于 Tensilica 的 DSP 内核群、先进的存储接口内核群、先进的串行接口内核群等 IP 内核
Imagination（英国）	提供面向移动设备的 GPU 电路 IP
Geva（美国）	提供信号处理、传感器融合、AI 处理器 IP
SST（美国）	提供广泛用于微控制器产品中的分裂栅极嵌入式闪存 IP，该公司称之为 Super Flash
芯原（中国）	提供用于图像信号处理器的 IP
Alpha Wave（加拿大）	提供多标准连接性 IP 解决方案
力旺电子（eMemory）（中国）	提供四种具有不同重写次数的非易失性存储器 IP
Rambus（美国）	提供一种 SDRAM 模块——Rambus DRAM，以及支持多标准连接的低功耗 SerDes IP 解决方案

注：Tensilica 是一家总部位于硅谷的半导体 IP 内核领域的公司，目前是楷登电子的一部分。
SerDes 即 Serializer（串行器）/Deserializer（解串器）的简称，是用于计算机总线等设备中的串行 / 并行转换电路。

图 3-9　全球十大 IP 供应商

▶ IP 供应商的代表性公司是英国的安谋和美国的新思科技

首先关于英国的安谋（ARM）。安谋设计并拥有诸多版权，用于嵌入式设备和低功耗应用到超级计算机等各种设备的 32 位和 64 位的架构。在 2016 年，日本的软银以 3 万亿日元以上的价格收购了该公司，并在 2020 年曾决定以 4 万亿日元的价格出售给美国的英伟达，但由于担心安谋在智能手机中的 CPU 和英伟达的 GPU 被一家公司垄断，而未能获得收购批准，这件事广为人知。因此，软银目前正在考虑让安谋在美国重新上市。

关于美国的新思科技。该公司不仅是之前提到的 EDA 供应商，还是有力的 IP 供应商。该公司开发并拥有广泛应用于半导体行业的接口规范的成熟 IP 解决方案组合。

楷登电子通过收购的 Tensilica，提供 DSP 核心、接口核心、先进串行接口核心等 IP。

Imagination 提供面向移动设备的 GPU 电路 IP。

Ceva 提供信号处理、传感器融合和 AI 处理器的 IP。

SST 是分裂栅极嵌入式闪存 IP 的供应商，这种 IP 在许多微控制器产品中被采用。该公司称之为 Super Flash（高性能超快闪）。

芯原提供用于图像信号处理器的 IP。

Alpha Wave 提供多标准连接性 IP 解决方案。

力旺电子（eMemory）提供四种不同写入次数的非易失性存储器 IP。

Rambus 提供一种属于 SDRAM 模块的 Rambus DRAM，以及低能耗且支持多标准连接的 SerDes IP 解决方案。

▶ IP 的具体例子有哪些

近年来的 LSI 设计是通过组合各种 IP 来实现的，那么具体有哪些呢？

在图 3-10 中，根据功能展示了一些规模较大的宏单元 IP 的代表性例子。从中可以看出，包括通用功能模块（SCA）、接口（I/O、串行、并行）、时钟控制、存储器（SRAM、DRAM、闪存）、A-D/D-A（模拟→数字、数字→模拟）转换、CPU、DSP 等宏单元 IP。

		宏单元设置方法	具有代表性的宏单元名
功能模块 （基础单元）		硬宏单元	NAND、变频器、电平触发器等
接口宏单元	I/O	硬宏单元	TTL、LVTTL、CMOSIF、LVDS、HSTL、SSTL
	串行	硬宏单元、软宏单元	USB、PCI - Express、SerialATA、XAUI
	并行	硬宏单元、软宏单元	SDR、DDR、SPI4、超高速传输
时钟控制宏单元		硬宏单元、软宏单元	PLL、DLL、SMD
存储器宏单元		硬宏单元、软宏单元	SRAM、DRAM、闪存
A-D/D-A 宏单元		硬宏单元	AD、DA
CPU 宏单元、 DSP 宏单元		软宏单元	ARM 内核

图 3-10　具有代表性的功能分类 IP（宏单元）

3.5　半导体制造过程中具有代表性的设备和材料公司

首先，我将根据第 2 章的图 2-6 所示的各个工艺（第二分类），说明相关的设备、材料及其代表性公司。关于工艺的内容已在第 2 章中详细解释，请适时参考那里（文中已列出图号）。

▶ 掩模的代表性公司：美国的 Photonics 与日本的大日本印刷

通过掩模进行曝光，可以将掩模上的图案转印到光刻胶上。最初使用的是 1∶1 比例的掩模，随着步进式光刻机和扫描式光刻机（缩小投影曝光机）的开发，掩模图案被扩大为转印图案的 4~5 倍，因而被称为"光刻掩模"（Reticle）（见图 3-11）。代表性的掩模制造商包括美国的 Photonics，日本的大日本印刷（DNP）、凸版印刷（TOPPAN）、HOYA、NIPPON FILCON，以及韩国的 SK 电子等（见图 3-12）。

▶ 为了提高光刻时的分辨率和图案保真度的掩模的各种方法

为了提高光刻时的分辨率和图案保真度，各种各样的方法实施在掩模上。其中一个方法如图 3-13 所示，使用移相法利用光的干涉现象。

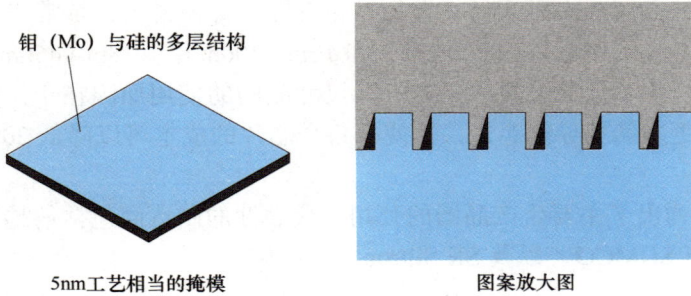

钼（Mo）与硅的多层结构

5nm工艺相当的掩模　　　　　图案放大图

由于EUV光刻的掩模无法使用透射型，
因此采用了钼和硅的多层结构反射型

图 3-11　EUV 光刻用光掩模

Photonics	美国
大日本印刷	日本
凸版印刷	日本
HOYA	日本
NIPPON FILCON	日本
SK 电子	韩国

图 3-12　主要掩模制造商

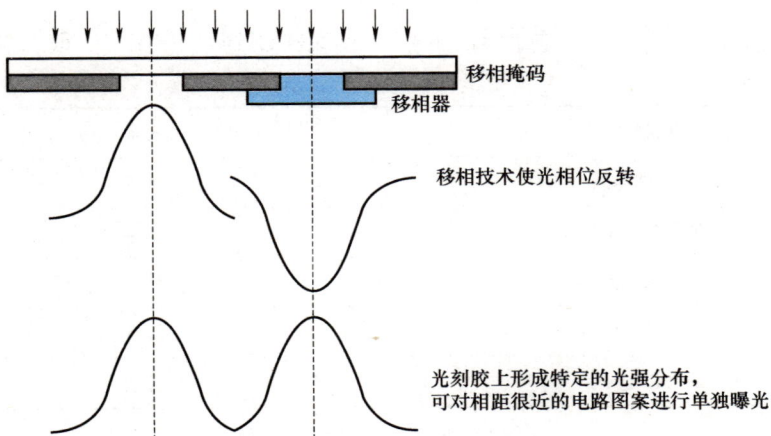

移相掩码

移相器

移相技术使光相位反转

光刻胶上形成特定的光强分布，
可对相距很近的电路图案进行单独曝光

图 3-13　提高分辨率的移相法

▶ **晶圆的代表性公司：信越化学**

　　单晶硅的晶圆有多种尺寸（直径）和特性，直径越大，越常用于尖端生产线。目前的主流尺寸为 8in（200mm）和 12in（300mm）。18in（450mm）晶圆的开发正在进行中，但尚未投入量产。大尺寸晶圆的使用原因在于，可以在一片晶圆上制造更多的半导体芯片，这使得每个芯片的成本可以降低 20%~30%（见图 3-14）。

　　图 3-15 列出了主要生产晶圆的公司。代表性的制造商包括信越化学、环球晶圆、胜高（SUMCO）以及 SK Siltron 等。

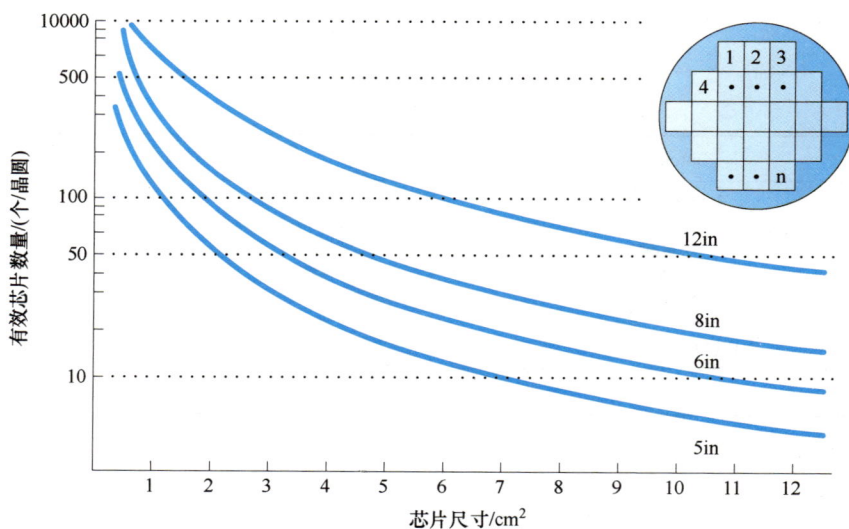

图 3-14　晶圆上的有效芯片数量

信越化学	日本
环球晶圆	中国
胜高（SUMCO）	日本
SK Siltron	韩国
NIPPON FILCON	日本
SK 电子	韩国

图 3-15　晶圆的代表性制造商

3.6　从热氧化到铜电镀

▶ 热氧化设备的代表性公司：东京电子

热氧化是一个在晶圆表面生成"氧化物薄层"的工艺。将晶圆放入加热至 900~1100℃ 的石英管炉（热氧化炉）中，导入氧化性气体（干 O_2、湿 O_2、蒸汽等），通过硅（Si）与氧（O）的化学反应，形成二氧化硅（SiO_2）膜（见图 2-29）。

二氧化硅膜是非常优质的绝缘膜，同时，硅与二氧化硅的界面具有稳定的电气特性。热氧化炉有横型（水平）和纵型（垂直）两种。热氧化炉基本上与后面提到的"热扩散炉"和"热处理炉"相同。

代表性的热氧化炉制造商包括东京电子、KOKUSAI ELECTRIC、ASM 国际、大仓电气、Tempress、JTEKT Thermo Systems（见图 3-16）。

东京电子	日本
KOKUSAI ELECTRIC	日本
ASM 国际	荷兰
大仓电气	日本
Tempress	荷兰
JTEKT Thermo Systems	日本

图 3-16　主要热氧化炉制造商

▶ CVD 的代表性公司：美国的 AMAT 和泛林集团

在一个装有晶圆的反应室中，倒入几种气体，包括根据要生长的薄膜类型确定的原料气体，使其活化并与热、等离子体或光发生反应，从而沉积出薄膜（见图 2-30）。

生长的薄膜包括绝缘薄膜（SiO_2、SiN_x、SiON 等）、金属薄膜（W 等）、半导体薄膜（poly-Si）等。此外，还可细分为常压沉积和低压沉积两类工艺。

CVD 设备的代表性制造商包括美国的应用材料（AMAT）、泛林集团，荷兰的 ASM 国际，日本的东京电子、日立国际电气、日本 ASM，以及韩国的周星工程等（见图 3-17）。

AMAT	美国
泛林集团	美国
东京电子	日本
ASM 国际	荷兰
日立国际电气	日本
周星工程	韩国
日本 ASM	日本

图 3-17　主要 CVD 设备制造商

▶ PVD 的代表性公司：美国的 AMAT 和日本的爱发科（ULVAC）

PVD 的一种典型方法是溅射。在溅射过程中，通过高速撞击圆盘状的溅射靶材的氩气分子，使反弹的材料分子在晶圆上生长薄膜（见图 2-31）。

PVD 包括溅射设备公司和溅射靶材公司。代表性的溅射设备公司有美国的 AMAT，日本的爱发科、Canon Anelva、芝浦机电、东横化学，以及中国的北方华创等（见图 3-18）。

AMAT	美国
爱发科（ULVAC）	日本
Canon Anelva	日本
北方华创	中国
芝浦机电	日本
东横化学	日本
日本 ASM	日本

图 3-18　主要溅射设备公司

而代表性的溅射靶材公司则有日本的 JX 金属、高纯度化学研究所、爱发科、三井金属矿业、三菱材料、Furuuchi Chemical、大同特殊钢等，日本制造商占据了大多数（见图 3-19）。

CVD 和 PVD 的区别已经通过 CVD 和溅射进行了说明，如图 3-20 所示。

JX 金属	日本
高纯度化学研究所	日本
爱发科	日本
三井金属矿业	日本
三菱材料	日本
Furuuchi Chemical	日本
大同特殊钢	日本

图 3-19　主要溅射靶材公司

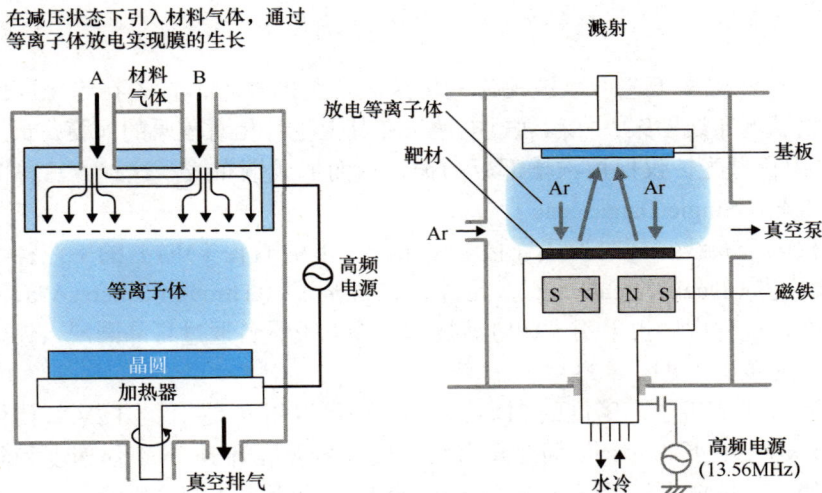

图 3-20　CVD（左图）与 PVD（右图）的区别

▶ ALD 的代表性公司：美国的 AMAT

ALD 是在装有晶圆的腔室内，根据所需生长的薄膜，反复供给和排出多种材料气体，以逐层沉积的方式形成所需组成的薄膜（见图 2-32）。

代表性的 ALD 设备制造商包括美国的 AMAT、泛林集团、英特格（Entegris）、Veeco，日本的东京电子，芬兰的倍耐克（Beneq Oy）、Picosun，以及荷兰的 ASM 国际等（见图 3-21）。

▶ 电镀（铜电镀）的代表性公司：荏原制作所、东设和东京电子

在先进的半导体（VLSI）中，为了减少线路电阻，提高可承载电流密度和迁移耐受性（由于电流流动而导致材料缺损的现象），采用了铜布线。然而，由于铜的干法刻蚀微细加工困难，通常与大马士革镶嵌工艺结合使用。

AMAT	美国
泛林集团	美国
英特格（Entegris）	美国
Veeco	美国
东京电子	日本
倍耐克（Beneq Oy）	芬兰
ASM 国际	荷兰
Picosun	芬兰

图 3-21　主要 ALD 设备公司

大马士革镶嵌工艺可以被视为模仿象嵌工艺的技术，首先在绝缘膜的底层形成沟槽状的布线图案，然后通过电镀法在其上生长相对较厚的铜膜，最后通过 CMP 法进行抛光，仅保留沟槽部分的铜，从而形成铜布线。这种方法称为单大马士革工艺（Single Damascene）。

不仅限于布线，同时形成连接多层布线上下的通孔（Via）的工艺称为双大马士革工艺（Dual Damascene）。此外，在硅通孔（Through Silicon Via，TSV）电极的嵌入过程中，也采用了铜电镀技术。铜电镀设备通过将晶圆浸入铜电镀液中进行电解镀层（见图 2-33）。

TSV 技术实现了高密度的 3D 封装，使得可以用 IC 芯片的 TSV 替代传统的线键合，连接上下芯片，从而缩短布线长度，显著提升 IC 的工作速度和降低功耗。例如，三星电子将基于 TSV 的 DRAM 模块应用于智能手机等设备，实现了 DRAM 的高速化和与 CPU 连接的改善，进而降低了功耗。此外，TSV 技术也被用于连接多个 IC 芯片与基板的中介层（Interposer），以实现表面电路的连接。

代表性的铜电镀制造商包括日本的荏原制作所、东设、东京电子、EEJA、日立电力解决方案等，以及美国的 AMAT、诺发系统等（见图 3-22）。

荏原制作所	日本
东设	日本
东京电子	日本
AMAT	美国
诺发系统	美国
EEJA	日本
日立电力解决方案	日本

图 3-22　主要铜电镀制造商

3.7　从光刻胶旋涂到湿法刻蚀

▶ 光刻胶的代表性公司：日本的 JSR、住友化学

为了形成电路图案，有一个叫作光刻法（Photolithography）的工艺。在光刻法过程中，将光敏树脂（光刻胶）旋涂在晶圆的薄膜表面，并通过掩模照射光线，将掩模图案转印（缩小转印）到光刻胶上（见图 2-34~ 图 2-36）。

光刻胶有正型和负型之分，并根据曝光所用光源的波长有多种类型。

代表性的光刻胶制造商包括日本的 JSR、住友化学、东京应化工业、富士胶片、信越化学、力森诺科（Resonac，原昭和电工）等（见图 3-23）。

JSR	日本
东京应化工业	日本
信越化学	日本
住友化学	日本
富士胶片	日本
力森诺科	日本

图 3-23　主要光刻胶制造商

此外，代表性的光刻胶涂胶机制造商包括日本的东京电子、SCREEN，以及韩国的 SEMES 等（见图 3-24）。

东京电子	日本
SCREEN	日本
SEMES	韩国

图 3-24　主要光刻胶涂胶机制造商

▶ 光刻的代表性公司：荷兰的 ASML 和日本的尼康

使用步进和重复操作将晶圆移动，同时将掩模图案缩小至 1/5~1/4 并将光投影到光刻胶上，固化的设备称为步进投影式光刻机（Stepper，简称步进式光刻机）（见图 2-35）。

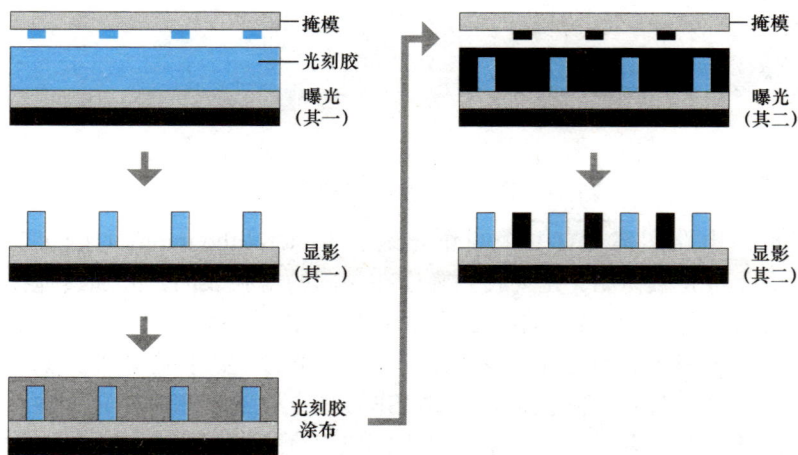

图 3-25　双重图案化的示例

　　为了在晶圆上烙印更细致的图案，需要使用波长更短的光源。因此，除了使用波长为 436nm[⊖]的 g 线、i 线（365nm）、KrF（氪氟）激光（248nm）和 ArF（氩氟）激光（193nm）等短波长光源外，还可以通过在物镜和光刻胶之间夹入折射率为 1.44 的水来提高分辨率 1.44 倍，这被称为 ArF 液浸。此外，为了形成更微细的图案，也会使用多重曝光技术（见图 3-25）。

　　在步进式光刻机中，仅移动晶圆台，而在扫描式光刻机中，则同时移动晶圆台和掩模（见图 3-26）。

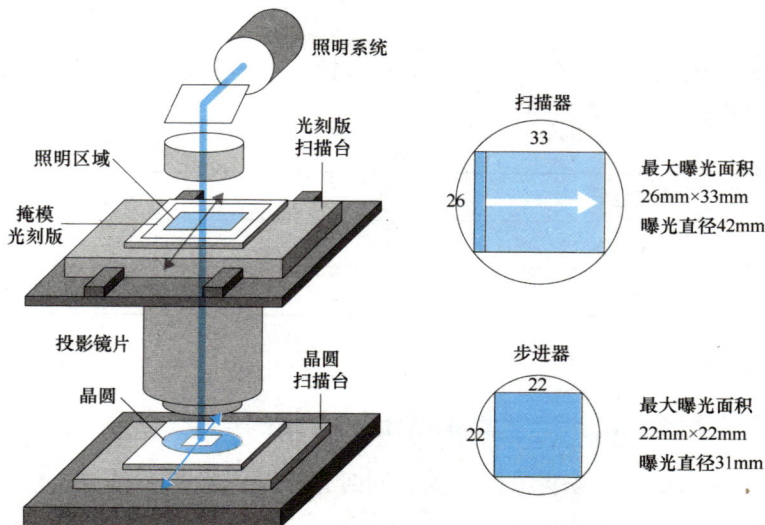

图 3-26　比较扫描式光刻机与步进式光刻机

───────────

⊖　1nm=10⁻⁹m。

扫描式光刻机可以利用镜头畸变较少的区域，因此具有获得更广泛曝光领域的优势。从前述的 KrF 激光（部分为 i 线）以来，扫描式光刻机已成为主要设备。

此外，近年来，在形成 7nm 以下的微细图案时，还采用了波长为 13.5nm 的极紫外（Extreme Ultra Violet，EUV）曝光技术（见图 3-27）。EUV 技术中使用了具有复杂结构的反射镜和掩模。

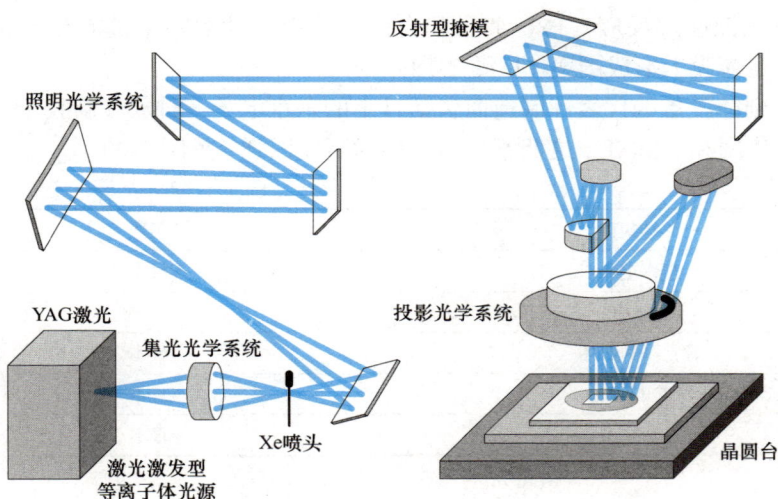

图 3-27　EUV 曝光机的工作原理

在曝光机制造商中，荷兰的 ASML、日本的尼康和佳能被称为全球三强，处于垄断地位，但遗憾的是，目前 EUV 曝光机制造商只有 ASML 一家（见图 3-28）。

ASML	荷兰
尼康	日本
佳能	日本

图 3-28　主要曝光机制造商

▶ 显影机的代表性公司与光刻胶公司重叠

曝光后的晶圆使用显影机（开发机），采用显影剂进行显影处理。正型光刻胶曝光区域会溶解于显影剂，而负型光刻胶则是未曝光区域溶解于显影剂，从而在光刻胶上形成图案（见图 2-17）。显影机通常与涂胶机一体化，在此将涂胶与显影一起处理，因此显影机制造商基本上与前面提到的光刻胶涂胶机制造商相同。

▶ 干法刻蚀的代表性公司：美国的泛林集团与日本的东京电子

刻蚀是通过去除硅半导体表面或其上形成的各种薄膜的一部分，以在半导体表面或其上的薄膜上形成图案的过程。刻蚀分为干法（干法刻蚀）和湿法（湿法刻蚀）两种。

干法刻蚀通过反应气体、离子和自由基等选择性去除未被光刻胶覆盖的部分，从而在薄膜上形成图案（见图 2-18）。

干法刻蚀设备的代表性制造商包括日本的东京电子、日立高新技术，以及美国的泛林集团和 AMAT，这四家公司被称为行业四强（见图 3-29）。

泛林集团	美国
东京电子	日本
AMAT	美国
日立高新技术	日本
莎姆克（Samco）	日本
芝浦机电	日本

图 3-29　主要干法刻蚀设备公司

▶ 湿法刻蚀的代表性公司：日本的 SCREEN 和美国的泛林集团

除了干法刻蚀，另一种方法是湿法刻蚀。这是一种使用化学溶液去除薄膜材料部分或全部的方法。湿法刻蚀的设备制造商包括日本的 SCREEN、Japan Create、MIKASA SHOJI，以及美国的泛林集团等（见图 3-30）。

SCREEN	日本
泛林集团	美国
Japan Create	日本
MIKASA SHOJI	日本

图 3-30　主要湿法刻蚀设备公司

▶ 干法刻蚀的各种情况

从前面的介绍可以看出，半导体制造设备中包含了多种不同的功能。其中，近年来形成最大市场的是干法刻蚀设备（干法刻蚀机）。

干法刻蚀的一个主要特征是被称为各向异性刻蚀的方式。这种刻蚀方式在水平方向上不进行，而只在垂直方向上进行，从而可以垂直加工刻蚀形状的断面，实现忠实于设计图案的加工，进而实现微细图案的形成。图 3-31 展示了各向异性刻蚀与各向同性刻蚀（如湿法刻蚀和部分干法刻蚀）的对比。各向异性干法刻蚀通常被称为 RIE（反应离子刻蚀）。

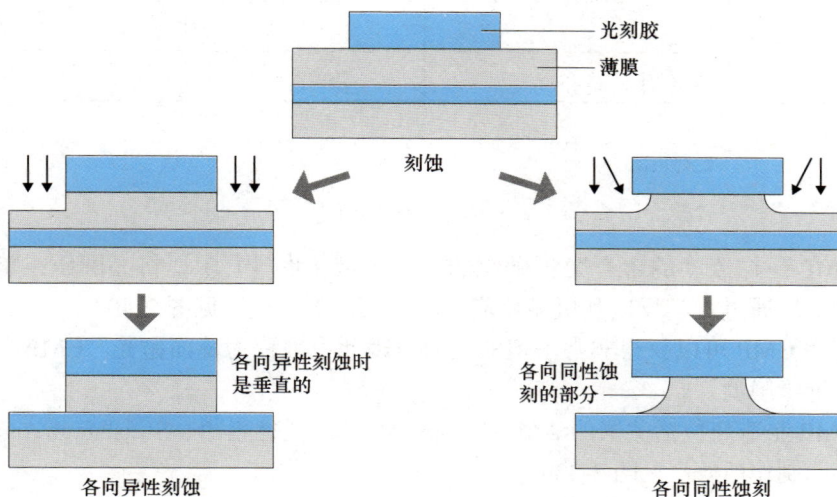

图 3-31　各向异性干法刻蚀

3.8　从导电型杂质扩散到 RTA

这里要说明的工艺首先是"扩散"。不过，扩散炉仅在之前提到的热处理炉上增加了含导电型杂质的气体供应设备，因此基本上没有变化，所以在这里省略说明。

▶ 离子注入的代表性公司：美国汉辰科技（AIBT）

通过将光刻胶和材料薄膜制作成掩模，利用电场加速的导电型杂质从晶圆表面打入，形成表面附近添加导电型杂质的 P 型或 N 型区域（见图 2-39）。

离子注入机制造商包括美国的汉辰科技（AIBT）、阿姆科技（ASYS）、AMAT、Axcelis，以及日本的日新电机、住友重机械、爱发科等（见图 3-32）。

AIBT	美国
ASYS	美国
AMAT	美国
Axcelis	美国
日新电机	日本
住友重机械	日本
爱发科	日本

图 3-32　主要离子注入机公司

▶ CMP 的代表性公司：美国 AMAT 和日本的荏原制作所

CMP 是在流动的含有磨料微粒的胶体溶液（浆料）中，将晶圆压在旋转的抛光垫上，通过化学反应和机械反应来磨平表面的工艺（见图 2-40）。

使用 CMP 可以获得非常平坦的表面，因此也被称为镜面抛光。CMP 分为金属型和绝缘膜型。

CMP 制造商包括美国的 AMAT、SpeedFam、泛林集团、Strasbaugh，以及日本的荏原制作所等（见图 3-33）。

AMAT	美国
荏原制作所	日本
SpeedFam	美国
泛林集团	美国
Strasbaugh	美国

图 3-33　主要 CMP 公司

此外，浆料制造商包括日本的富士胶片、FUJIMI、力森诺科、NITTA DuPont、JSR、凸版印刷，美国的空气化工产品、卡博特，以及德国的巴斯夫（BASF）等（见图 3-34）。

接下来的"热处理炉"与之前提到的热氧化炉仅所使用的气体种类不同，因此这里不再赘述。

卡博特	美国
富士胶片	日本
FUJIMI	日本
力森诺科	日本
巴斯夫（BASF）	德国
NITTA DuPont	日本
JSR	日本
凸版印刷	日本
空气化工产品	美国

图 3-34　主要浆料制造商

▶ RTA 的代表性公司：日本的 Advance Riko、牛尾电机

通过瞬时向红外灯通电，实现对晶圆的快速升温和降温（见图 2-43），也称为灯退火。

RTA 设备（灯退火机）的制造商包括日本的 Advance Riko、牛尾电机、JTEKT Thermo Systems 以及美国的 Mattson 等（见图 3-35）。

Advance Riko	日本
牛尾电机	日本
JTEKT Thermo Systems	日本
Mattson	美国

图 3-35　主要灯退火机制造商

▶ RTA、RTO 等高速升温与降温处理

这里介绍了作为快速热处理的 RTA，这种处理能够减少半导体制造过程中由热处理温度和处理时间决定的热预算，同时抑制导电型杂质的扩散并激活它们。此外，通过向灯退火机中通入氧化性气体，能够实现作为快速氧化法的 RTO（Rapid Thermal Oxidation，快速热氧化），并用于形成超薄二氧化硅膜等。

3.9   从超纯水到 CIM

▶ 超纯水的代表性公司：日本的栗田工业、奥加诺

普通的水看起来很干净，但其中含有很多颗粒（小碎片、微粒）、有机物等杂质。用这种水清洗纳米级半导体，会变得满是垃圾，因此在制造半导体时使用的是被称为超纯水的水。

超纯水是指"纯度极高的水"，去除了颗粒（小碎片、微粒）、有机物等杂质，在半导体制造工艺的各个环节中广泛用于清洗、冲洗等目的。

日本的超纯水供应商包括栗田工业、奥加诺、野村微科学等（见图 3-36）。

栗田工业	日本
奥加诺	日本
野村微科学	日本

图 3-36   日本主要超纯水公司

▶ 探针检测：东京电子，测试仪检测：爱德万测试

前道工序完成的晶圆，其上制造的每个 IC 芯片的电气特性会通过测量来判断"良品/不良品"。用于该检测的设备是"探针检测仪（探针台）"。将晶圆放置在探针检测仪中，将探针（探头）放在 IC 芯片上的引出电极上，通过测试仪读取 IC 芯片发出的输出信号，从而判断信号是否正确。

通过探针台进行步进与重复，可以测量晶圆上每个 IC 芯片的特性，从而判断"良品/不良品"（见图 2-10）。

日本的主要探针台制造商有东京电子、东京精密、Micronics Japan、Tiatech、Opto System 等（见图 3-37）。此外，主要测试仪制造商有日本的爱德万测试、TESEC、Spandnix、芝测，以及美国的泰瑞达、安捷伦等（见图 3-38）。

东京电子	日本
东京精密	日本
Micronics Japan	日本
Tiatech	日本
Opto System	日本

图 3-37   日本主要探针台公司

爱德万测试	日本
泰瑞达	美国
安捷伦	美国
TESEC	日本
Spandnix	日本
芝测	日本

图 3-38　主要测试仪公司

▶ 晶圆搬运设备的代表性公司：村田机械和大福

前道工序中，在设备之间搬运晶圆的工程称为"晶圆搬运"。晶圆搬运设备有轨道和无线导引的无轨机器人，或是直线电动机驱动的天车搬运机等，如 AGV、OHT 和 OHS 等（见图 2-46）。

晶圆搬运设备制造商包括日本的村田机械、大福、RORZE、昕芙旎雅（SINFONIA）等（见图 3-39）。

村田机械	日本
大福	日本
RORZE	日本
昕芙旎雅（SINFONIA）	日本

图 3-39　日本的主要晶圆搬运设备公司

▶ 晶圆检测的代表性公司：美国 KLA

在晶圆检测中，对前道工序中的晶圆进行结构缺陷、异物等各种检测，以实现工艺监控和提高品质合格率等目标。

晶圆检测设备和系统的制造商包括美国的 KLA、AMAT，荷兰的 ASML，以及日本的日立高新技术、Lasertec、纽富来科技等（见图 3-40）。

KLA	美国
AMAT	美国
ASML	荷兰
日立高新技术	日本
Lasertec	日本
纽富来科技	日本

图 3-40　主要晶圆检测设备公司

▶ 日本 CIM 的代表性公司：TECHNO SYSTEMS

CIM（Computer Integrated Manufacturing，计算机集成制造）是指通过利用计算机来优化半导体生产的系统。它包括半导体制造过程中数据的收集与分析、设备控制、搬送控制、流程管理等，致力于实现制造过程的"可视化"。许多半导体公司通常在其内部的 FA（Factory Automation，工厂自动化）部门等独立实施 CIM 系统。在半导体的大规模量产工厂中，同一工艺中通常使用多个设备处理。然而，每台设备都有其"个性"，并不一定能达到相同的处理效果。因此，CIM 系统通过分析主要工艺的产品质量数据，并进行设备分析、评估和反馈，来减少每台设备的差异。

日本主要的 CIM 制造商包括 TECHNO SYSTEMS 和日立电力解决方案等，但许多大型半导体制造商倾向于采用自主开发的系统（见图 3-41）。

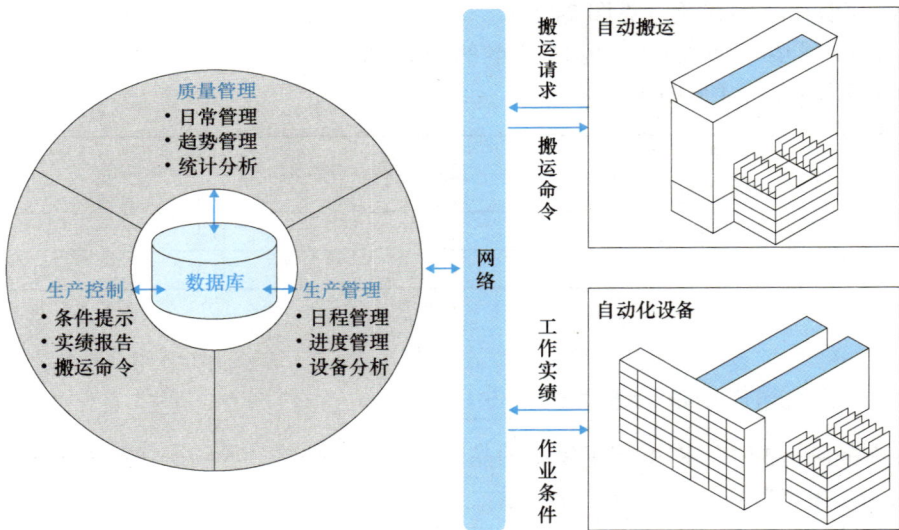

图 3-41　CIM 系统示例

3.10　从切割到树脂密封

▶ 切割的代表性公司：日本的迪思科、东京精密

经过探针检测的晶圆，在其上面 IC 芯片周围的切割线上，使用金刚石切割机将每个芯片切割成独立的部分。这一操作称为切割（Dicing），也称为"颗粒

化"。颗粒（Pellet）也是芯片的别称之一（见图 2-11）。

切割设备称为切割机（Dicer），代表性的制造商有日本的迪思科、东京精密、Apic Yamada 等（见图 3-42）。

迪思科（DISCO）	日本
东京精密	日本
Apic Yamada	日本

图 3-42　主要切割设备公司

▶ 封装的代表性公司：三井高科技

在引线框架上固定 IC 芯片的过程称为封装（Mounting，也称为 Die Bonding）（见图 2-21）。用于封装的设备称为封装机（Mounting Machine）或胶合机（Die Bonder）。

引线框架的代表性制造商有日本的三井高科技、新光电气工业，新加坡的 ASM 太平洋科技（ASMPT），中国的长华科技、先进封装材料国际（AAMI）和韩国的海成 DS 等（见图 3-43）。

三井高科技	日本
新光电气工业	日本
ASM 太平洋科技（ASMPT）	新加坡
长华科技	中国
先进封装材料国际（AAMI）	中国
海成 DS	韩国

图 3-43　主要引线框架公司

封装机的代表性制造商包括荷兰的 Besi，日本的佳能机械，新加坡的 ASM 太平洋科技、K&S，美国的 Palomar，日本的新川等（见图 3-44）。

Besi	荷兰
佳能机械	日本
ASM 太平洋科技	新加坡
K&S	新加坡
Palomar	美国
新川	日本

图 3-44　主要封装机公司

▶ 引线键合的代表性公司：荷兰的 ASM

使用金（Au）等细线连接安装在 IC 芯片上，而引出电极和引线框架的引线的这种焊接方法称为引线键合（见图 2-22）。

用于引线键合的设备称为焊线机，代表性的制造商包括荷兰的 ASM Assembly，中国的泰时自动系统（DIAS），新加坡的 K&S，以及日本的新川和涩谷工业等（见图 3-45）。

ASM Assembly	荷兰
泰时自动系统（DIAS）	中国
K&S	新加坡
新川	日本
涩谷工业	日本

图 3-45　主要焊线机制造商

▶ 树脂封装的代表性公司：力森诺科、揖斐电（IBIDEN）和 TOWA

树脂封装采用转移模压法，通过模具将 IC 芯片封装在树脂中。这种方式也被称为模塑（见图 2-23）。用于封装的热塑性树脂制造商包括日本的力森诺科、揖斐电、长濑（Nagase）和住友电木等（见图 3-46）。此外，树脂封装机的制造商包括日本的 TOWA、Apic Yamada、I-PEX、岩谷产业和新加坡的 ASM 太平洋科技等（见图 3-47）。

力森诺科	日本
揖斐电	日本
长濑（Nagase）	日本
住友电木	日本

图 3-46　主要热塑性树脂制造商

TOWA	日本
ASM 太平洋科技	新加坡
Apic Yamada	日本
I-PEX	日本
岩谷产业	日本

图 3-47　主要树脂封装机制造商

▶ 键合相关知识

关于 IC 芯片与封装基板的连接方法，已经介绍了使用金细线的引线键合。此外，还有使用金属凸点替代引线的无引线键合方法，如胶带自动键合（TAB）和倒装芯片键合（FCB）等（见图 3-48）。

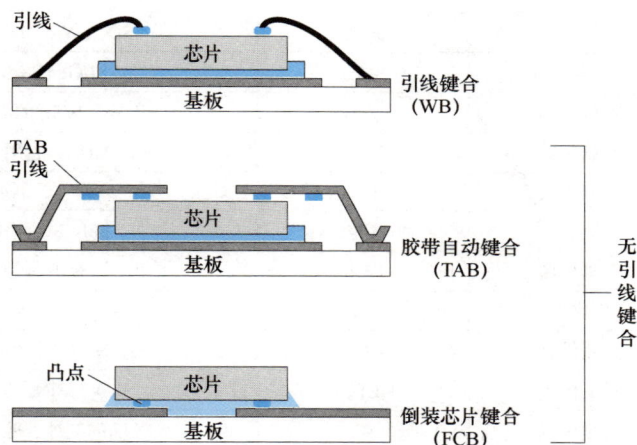

图 3-48　引线键合与无引线键合

3.11　从高纯度气体、高纯度溶剂到最终检查

▶ 高纯度气体的代表性公司：大阳日酸和三井化学

到此为止，我们了解到了在制造半导体的过程中（前道工序）会使用各种高纯度气体和溶剂。在此，根据使用目的，图 3-49 总结展示了具有代表性的材料气体。在图 3-49 中，虽未提起每种材料气体或溶剂的具体厂家名称，但可以了解到主要的气体和溶剂制造商。

如图 3-49 所示，具有代表性的气体可以按照用途，分类为薄膜沉积用、薄膜刻蚀用、导电型（P 型、N 型）杂质源用等。此外，还有热处理用（惰性气体）、载气用、置换气用、成型气体用、外延生长载气用、硅的悬垂键终端用、热氧化用、溅射击打用、纯水气泡用、腔体清洗用等多种用途。

	一氧化二氮	N_2O	SiO_2 的减压 / 常压 CVD、SIPOS 的 CVD
	氨气	NH_3	Si 的热氮化、SiN_x 的 CVD
	臭氧	O_3	SiO_2 的常压 TEOS-CVD
	氧气	O_2	Si 的热氧化、SiO_2 的 CVD
成膜用	单硅烷	SiH_4	热分解生长 Si、poly-Si、SiO_2、SiN_x、SiON 等的 CVD
	二氯硅烷	SiH_2Cl_2	SiN_x、WSi_x 的 CVD
	二硅烯	Si_2H_4	Si-Ge 的 CVD
	六氟化钨	WF_6	W、WSi_x 的 CVD
	四氯化钛	$TiCl_4$	与 H_2、N_2、NH_3 一起用于 TiN 的 CVD
	一氧化碳	CO	SiO_2 的刻蚀
	氯气	Cl_2	Si、poly-Si、铝的刻蚀
	三氯化硼	BCl_3	铝的刻蚀
刻蚀用	溴化氢	HBr	Si、poly-Si 的刻蚀
	四氯化碳	CCl_4	Si、poly-Si、铝的刻蚀
	四氟化碳	CF_4	SiO_2、SiN_x 的刻蚀
	六氟化硫	SF_6	Si 基的刻蚀、腔体清洗
	三氟化氮	NF_3	Si 基的刻蚀
	砷化氢	AsH_3	N 型杂质砷来源
	三氧化二砷	As_2O_3	N 型杂质砷来源（常温下为液体）
	三氯氧磷	$POCl_3$	N 型杂质磷来源（常温下为液体）
	三氯化磷	PCl_3	N 型杂质磷来源
杂质来源	三氯化硼	BCl_3	P 型杂质硼来源
	乙硼烷	B_2H_6	P 型杂质硼来源
	磷化氢	PH_3	N 型杂质磷来源
	磷酸三甲酯	TMP	TEOS-CVD 的磷来源（常温下为液体）
	硼酸三甲酯	TMB	TEOS-CVD 的硼来源（常温下为液体）
	氮气	N_2	热处理、载体、净化、成型
	氢气	H_2	表层载体、氢终止、热原
其他用途	氩气	Ar	热处理和溅射
	二氧化碳	CO_2	纯水气泡处理
	臭氧	O_3	纯水气泡处理
	三氟化氮	NF_3	腔体清洗

图 3-49　半导体制造中使用的代表性气体

这些高纯度气体的代表性制造商包括日本的大阳日酸、三井化学、中央玻璃、关东电化工业、力森诺科、住友精化、艾迪科（ADEKA）、爱沃特、瑞翁（Zeon）、大金工业等。在海外，主要有美国的空气化工产品、法国的液化空气（Air Liquide）、韩国的爱思开新材料、厚成（Foosung）等（见图 3-50）。

大阳日酸	日本
三井化学	日本
中央玻璃	日本
关东电化工业	日本
力森诺科	日本
住友精化	日本
空气化工产品	美国
液化空气	法国
爱沃特	日本
爱思开新材料	韩国
艾迪科（ADEKA）	日本
瑞翁（Zeon）	日本
厚成（Foosung）	韩国
大金工业	日本

图 3-50　主要高纯度气体公司

▶ **高纯度溶剂的代表性公司：德国的巴斯夫和日本的三菱瓦斯化学**

如图 3-51 所示，代表性的溶剂大致分为无机溶剂和有机溶剂。无机溶剂包括光敏树脂的显影液、曝光后的显影液、用于去除使用过的光敏树脂的剥离液，以及晶圆边缘的清洗溶剂、纯水清洗后的干燥液、提高光敏树脂附着性的溶剂、增强刻蚀液渗透性的表面活性剂等。

无机溶剂	用于清洗	SPM		H_2SO_4/H_2O_2 成分，去除金属和有机物
		HPM		$HCl/H_2O_2/H_2O$ 成分，去除金属
		APM		$NH_4OH/H_2O_2/H_2O$ 成分，去除颗粒和金属
		FPM		$HF/H_2O_2/H_2O$ 成分，去除金属和氧化膜
		稀氢氟酸	DHF	HF/H_2O 成分，去除金属和氧化膜
		硝酸	H_2NO_3	晶圆清洗
		缓冲氢氟酸	BHF	$HF/NH_4F/H_2O$ 成分，去除氧化膜
	用于刻蚀	稀氢氟酸	DHF	SiO_2、Ti、Co 的刻蚀
		缓冲氢氟酸	BHF	SiO_2 的刻蚀
		氢氟酸	HF	SiO_2、Ti、Co 的刻蚀
		含碘冰醋酸	CH_3COOH（I_2）	Si、poly-Si 的刻蚀
		磷酸	H_3PO_4	用于热磷酸刻蚀 SiN_x
	用于清洁	硝酸	H_2NO_3	用于硅基容器的清洁
有机溶剂	用于光刻	光敏树脂		用于曝光图案转印的感光性树脂
		显影液		用于曝光后光敏树脂的图案显影
		剥离液		用于去除光敏树脂
	其他用途	甲乙酮	MEK	边缘清洗溶剂
		异丙醇	IPA	用于纯水清洗后的干燥
		六甲基二硅氮烷	HMDS	提高光敏树脂的附着性
	表面活性剂			用于提高刻蚀液的渗透性

图 3-51　半导体制造中使用的代表性溶剂

在半导体的制造过程中，高纯度溶剂用于从半导体表面去除不必要的物质（如颗粒、有机物和油脂等），并进行彻底清洗，从而保持清洁。这一过程在刻蚀、干燥、剥离等前道工序中反复进行，因此会使用各种溶剂。

高纯度溶剂的主要制造商包括日本的三菱瓦斯化学、三菱化学、关东化学、斯泰拉化工、大金工业、森田化学、德山、住友化学、日本化药、东京应化工业、富士胶片和光纯药等，此外还有德国的巴斯夫和韩国的 LG 化学（见图 3-52）。

巴斯夫	德国
三菱瓦斯化学	日本
三菱化学	日本
关东化学	日本
斯泰拉化工	日本
大金工业	日本
森田化学	日本
德山	日本
LG 化学	韩国
日本化药	日本
住友化学	日本
东京应化工业	日本
富士胶片和光纯药	日本

图 3-52　主要高纯度溶剂公司

▶ 从焊锡电镀到引线加工、打标、可靠性测试和最终检查

一般来说，焊锡电镀用于对引线框架进行镀层，通常使用锡铅共晶焊锡。将引线框架连接到阴极，镀液中的锡和铅阳极之间通电，在引线表面进行电镀处理（见图 2-24）。

在引线加工中，使用引线加工机将引线弯曲成所需形状（见图 2-25）。

在打标工艺中，使用激光打标机在模制封装表面印上产品名称、公司名称、批号等。这些不仅是产品的标识，同时也是产品的标识。产品投放市场后，这些标识还可用于追溯（见图 2-26）。

可靠性测试包括全面的 BT（老化测试），也就是在电压（偏置）和设定温度下的运行测试，只有通过可靠性保证测试的产品才能出厂。在最终检查中，将根据产品标准对电气特性进行测试，在此过程中使用的测试仪与晶圆探针检测中使用的测试仪基本相同。代表性的制造商如图 3-40 所示。

3.12　半导体相关行业的排名和业务规模

到目前为止，本章介绍了半导体制造和半导体相关行业的主要业务和代

表性制造商。本节作为总结，将阐述一下半导体相关行业之间的相互关系（见图 3-53）。为此，按照半导体制造流程列出了设备和主要制造商（见图 3-54）。这里基本以前三大设备制造商为例。

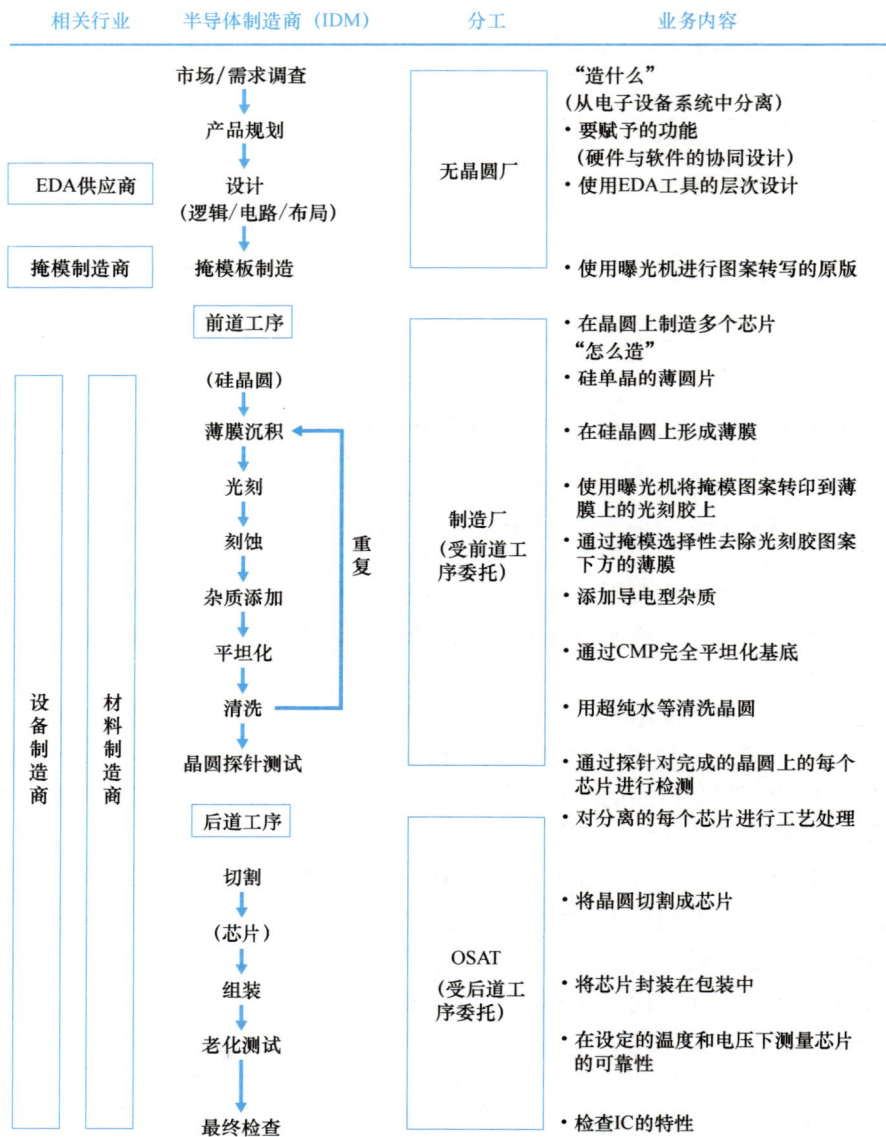

| 相关行业 | 半导体制造商（IDM） | 分工 | 业务内容 |

市场/需求调查 —— 无晶圆厂 —— "造什么"（从电子设备系统中分离）
· 要赋予的功能（硬件与软件的协同设计）
· 使用EDA工具的层次设计

产品规划

EDA供应商 —— 设计（逻辑/电路/布局）

掩模制造商 —— 掩模板制造 —— · 使用曝光机进行图案转写的原版

前道工序

· 在晶圆上制造多个芯片"怎么造"

（硅晶圆） —— · 硅单晶的薄圆片

薄膜沉积 —— · 在硅晶圆上形成薄膜

光刻 —— · 使用曝光机将掩模图案转印到薄膜上的光刻胶上

刻蚀 —— 制造厂（受前道工序委托） —— · 通过掩模选择性去除光刻胶图案下方的薄膜

杂质添加 —— · 添加导电型杂质

平坦化 —— · 通过CMP完全平坦化基底

清洗 —— · 用超纯水等清洗晶圆

晶圆探针测试 —— · 通过探针对完成的晶圆上的每个芯片进行检测

后道工序 —— · 对分离的每个芯片进行工艺处理

切割 —— · 将晶圆切割成芯片

（芯片）

组装 —— OSAT（受后道工序委托） —— · 将芯片封装在包装中

老化测试 —— · 在设定的温度和电压下测量芯片的可靠性

最终检查 —— · 检查IC的特性

设备制造商　材料制造商　重复

注：进行探针检测的设备称为探针机。

图 3-53　半导体相关行业的关联性

制造工艺	个别工艺	设备名称	主要制造商
电路版图设计			
所有制造工序	掩模		Photonics、凸版印刷、大日本印刷、HOYA、SK 电子
	晶圆		信越化学、环球晶圆、胜高、SK Siltron
	薄膜形成	热氧化设备	东京电子、日立国际电气、ASM
		CVD 设备	AMAT、泛林集团、ASM、东京电子
		ALD 设备	AMAT、ASM、Picosun、东京电子、莎姆克
		溅射设备	AMAT、爱发科、Canon Anelva
		电镀设备	诺发系统、AMAT、荏原制作所
	光刻	涂胶显影设备	东京电子、SEMES、SCREEN
		曝光机	ASML、尼康、佳能
	刻蚀	干法刻蚀机	泛林集团、东京电子、AMAT、日立高新技术
	掺入杂质	离子注入设备	AIBT、ASYS、AMAT、Axcelis、日新电机、住友重机械、爱发科
		扩散炉	东京电子、ASM、日立国际电气
	平坦化	CMP 设备	AMAT、荏原制作所、东京精密
	晶圆探针检测	探针	Micronics Japan、东京精密、东京电子
		测试仪	爱德万测试、泰瑞达
	切割	切割机	迪思科、东京精密
	引线键合	引线键合机	K&S、ASM
	树脂封装	模塑封装设备	TOWA、Apic Yamada、ASM、I-PEX
	老化测试	老化设备	STK Technology、爱斯佩克（ESPEC）
	最终检查	测试仪	泰瑞达、爱德万测试

图 3-54　半导体制造流程中的设备和主要制造商

　　首先，让我们从主要相关行业的市场份额来看半导体产业。根据 2021 年的统计数据，半导体产业整体市场规模为 7130 亿美元。其中半导体行业 5530 亿美元，占 77.6%，设备行业为 1030 亿美元，占 14.4%，材料行业为 570 亿美元，占 8%（见图 3-55）。

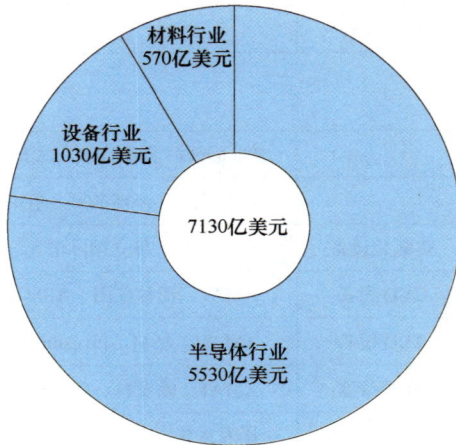

图 3-55   半导体产业的相关行业份额

半导体制造工艺可分为前道工序和后道工序，前道工序是在晶圆上制造大量 IC 芯片，而后道工序则是将从晶圆上切割下来的 IC 芯片装入封装中。前道工序占总投资的 85%。这是因为前道工序涉及的工艺更多、更复杂，使用的设备也更昂贵（见图 3-56）。

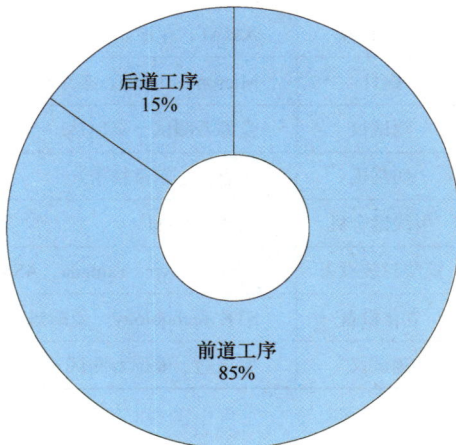

图 3-56   从投资水平来看制造工艺（前道工序 / 后道工序）的比例

尽管日本半导体制造商（IDM 公司，如 NEC、富士通和日立）在过去 30 年中逐渐衰落，但作为其外围行业，设备和材料制造商在全球市场上表现良好。在此，图 3-57 和图 3-58 显示了 2020~2021 年日本前十大半导体设备和材料制造商的销售额。

排名	制造商	主要制造设备
1	东京电子	涂布显影设备，CVD设备 干法刻蚀机，氧化/扩散炉
2	爱德万测试	测试仪
3	SCREEN	湿法清洗设备
4	尼康	步进式光刻机，扫描仪
5	迪思科	切割机、抛光机
6	KOKUSAI ELECTRIC	氧化/扩散炉
7	佳能	步进式光刻机，扫描仪
8	东京精密	CMP设备，探针，切割机
9	Lasertec	掩模检测设备
10	TOWA	模具封装设备

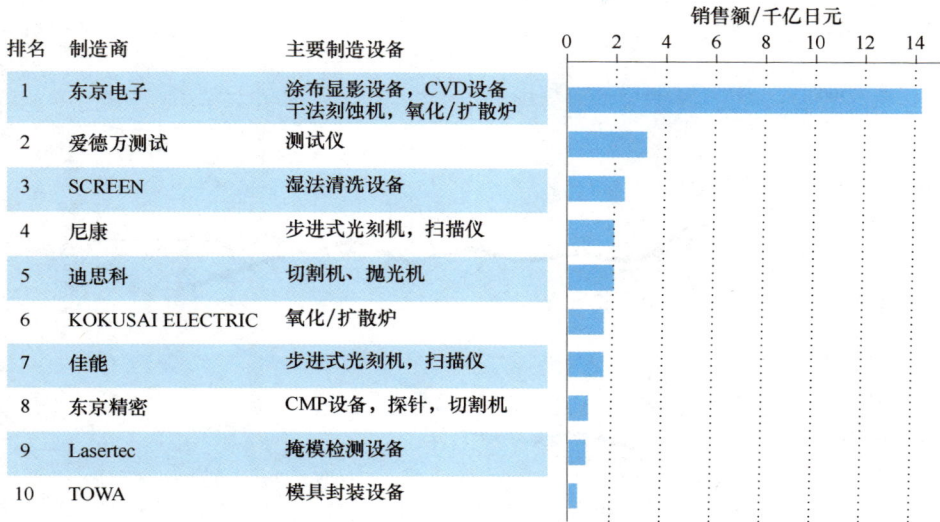

图 3-57　日本半导体设备制造商的销售额排名（2020~2021 年）

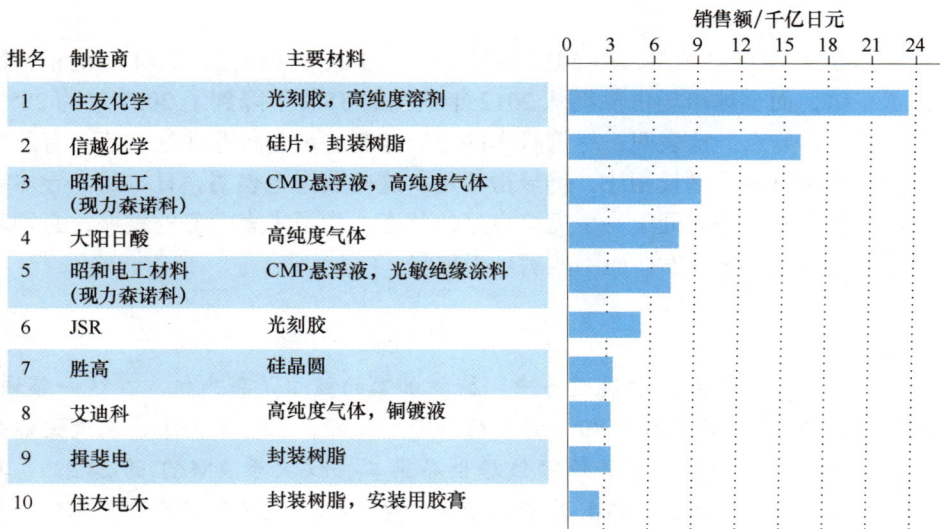

排名	制造商	主要材料
1	住友化学	光刻胶，高纯度溶剂
2	信越化学	硅片，封装树脂
3	昭和电工 （现力森诺科）	CMP悬浮液，高纯度气体
4	大阳日酸	高纯度气体
5	昭和电工材料 （现力森诺科）	CMP悬浮液，光敏绝缘涂料
6	JSR	光刻胶
7	胜高	硅晶圆
8	艾迪科	高纯度气体，铜镀液
9	揖斐电	封装树脂
10	住友电木	封装树脂，安装用胶膏

图 3-58　日本半导体材料制造商的销售额排名（2020~2021 年）

　　关于设备制造商，可以看出东京电子经营的制造设备种类繁多，且销售额也非常巨大。另一方面，关于材料制造商，请注意此处所示的销售额不仅仅包括与半导体相关的材料。在全球半导体制造设备行业中表现出色的日本设备制造商，从 2011 年到 2021 年其地位的变化可以从图 3-59 中看出，图中以销售额和全球市场份额进行了说明。

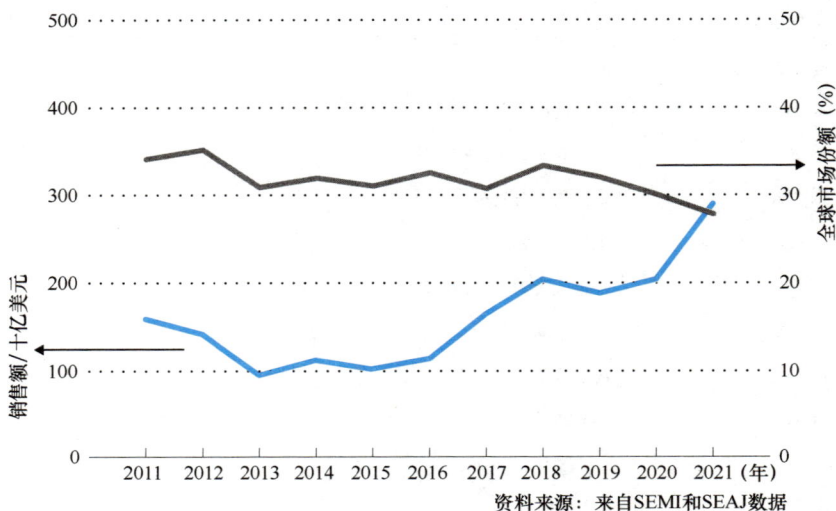

资料来源：来自SEMI和SEAJ数据

图 3-59　日本设备制造商的销售额和全球市场份额

从图 3-59 中可以看出，与 2013 年最低的 100 亿美元相比，2021 年的销售额增长了三倍，而全球市场份额则从 2012 年最高的 35% 下降到了 2021 年的 28%，下降了 7 个百分点。这表明，尽管日本的半导体制造设备行业在绝对值上有所增长，但与全球整体的增长相比，仍显得不足。这些数据也表明，日本的半导体制造设备行业在未来并非处于一个完全良好的状态。为了未来业务的发展，必须基于战略推进新的技术开发，而不能满足于现状。

专栏　ASML 成功崛起的秘密

在多种多样的半导体制造设备中，微细加工的核心是曝光机。在这一领域，ASML 在 2020 年占据了高达 80% 的市场份额。此外，在整个半导体制造设备行业中，ASML 以 23.6% 的市场份额位居世界第二，仅次于 AMAT 的 24.2%。与 AMAT 的多种设备相比，ASML 基本上专注于曝光机，这显示了其独占地位。然而，直到 20 世纪 90 年代中期，在曝光机领域曾占据主导地位的是日本的尼康和佳能。那么，ASML 成功崛起的秘密在哪里呢？

首先，相比尼康等公司着重于自有优质镜头的特性，自主开发光源以外的部件，ASML 则几乎所有部件均是外部采购，专注于软件开发以提升其使用的便利性。其次，相比尼康等公司针对日本大型半导体制造商和英特尔的需求着重定制服务，ASML 则打入台积电和三星电子等后起制造商的市场，配合用户需求并持续改进，积累了宝贵的内部知识。在台积电和三星电子迅速扩张的同时，ASML 也得以扩大业务，将大量开发资金投入下一步研发。特别是在 EUV 曝光技术方面，ASML 通过与本部位于比利时的国际研究机构 IMEC 的合作，开展信息交流与技术改进活动，确立了相关技术。在 EUV 曝光技术的早期开发中，ASML 在现有的 ArF 曝光机（步进式光刻机）上采用了双列模式，使得能够使用传统激光光源进行对准，同时探索和实施 EUV 曝光。

总之，凭借先进的知识、经验以及积累的数据和技术，其他公司几乎无法进入这一领域，尤其在最昂贵的 EUV 曝光机上，ASML 实现了没有竞争对手的垄断地位，至今无出其右。

半导体到底是什么

4.1 半导体是具有特殊性质的物质和材料

▶ 半导体是"导体和绝缘体的中间物质"

在第 1 章也提到过，最近听到"半导体"这个词的场合很多。但是，相对来说，问到"半导体到底是什么"时，估计能正确地回答的人不会太多。

人们对半导体本身不理解，仅仅是名称在脑海中浮现的一种感觉而已。

半导体是具有特殊性质的物质，或者说是针对材料的名称。那么，要说"特殊性质是什么"，是指导电的导体（也叫传导体、良导体等）和基本不导电的绝缘体的中间物质，换句话说是指"仅仅一半导电"的物质。

半导体这个名称，是由 semi（半的意思）和 conductor（导体的意思）合成的英语名称而来的。金、银、铝等金属是非常好的导电物质。天然橡胶、玻璃、云母、陶瓷等基本不导电，是绝缘体。半导体就是处于中间位置的物质（见图 4-1）。

但是，简单地说中间物质，会对半导体产生半途而废的印象，不完整。半导体有意思的地方在于，压力、加速度、温度、光等外部引入的刺激（作用）或添加微量的杂质后，根据条件的不同，有时接近绝缘体，有时接近导体，材料性质发生很大的变化。

关于这些事情，将慢慢展开说明。首先，让我们先看看作为物质（材料）的半导体（见图 4-2）。

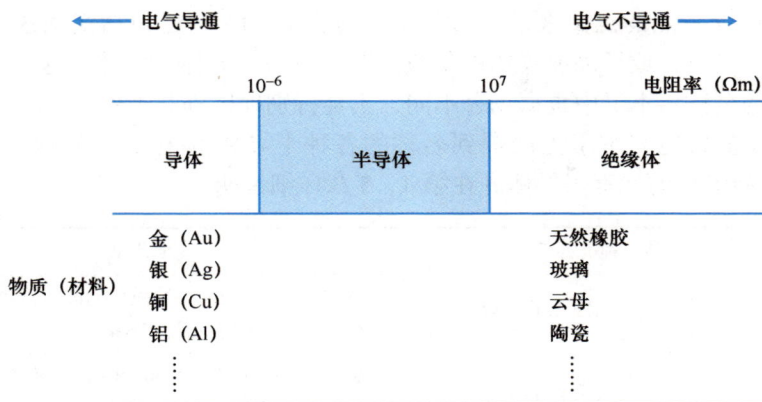

图 4-1　导体、半导体、绝缘体的差别

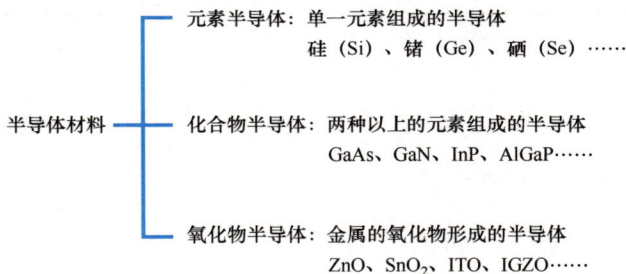

图 4-2　半导体材料的种类

▶ 半导体里用到的材料

典型的半导体材料是无机材料（部分也用有机材料）。如果限于无机半导体材料，有①元素半导体、②化合物半导体、③氧化物半导体三种。

元素半导体是"由单一元素组成的半导体"。有硅（Si）、锗（Ge）、硒（Se）等。人们一般往往会认为"半导体＝硅"，实际上有各种各样的半导体。

化合物半导体是"由两种以上的元素组成的半导体"。有砷化镓（GaAs）、氮化镓（GaN）、磷化铟（InP）、铝镓磷（AlGaP，这个是三种元素）等。

最后，氧化物半导体是"具有半导体性质的氧化物（化合物）"，有氧化锌（ZnO）、氧化锡（SnO_2）、铟锡氧化物（ITO）、铟镓锌氧化物（IGZO）等。

前面我们解释过半导体这个名称的意思是具有某种性质（特殊性质）的物质（材料）。但一般也不会如此严密地区别开来使用。

从更广泛一点的意义来说，当然除了物质（材料），还包括使用这些材料做成的器件、设备，或后面要说明的集成电路等也叫半导体。因此，这是一个普通广泛使用的名称。本书中根据场合不同，不会特别地区别开来使用。

图 4-3 粗略地列举了上面提到名称的各种半导体的主要用途（按照用途分类）。关于最流行的元素半导体硅在第 4、5 章详细说明。

半导体的种类		主要用途
无机半导体	元素半导体（Si）	存储、逻辑、MPU、MCU、GPU、DSP、图像传感器、A-D/D-A 转换器、FPGA 等
	化合物半导体	高速器件、大信号器件、功率器件、发光器件、激光器等
	氧化物半导体	透明电极、传感器、显示器背光等
有机半导体		有机 EL、太阳电池等

图 4-3　各种半导体的主要用途

4.2　硅是半导体的"冠军"

▶ 使用得最多的是"硅"

4.1 节里叙述了半导体有各种各样的材料，其中能称得上"冠军"材料的是硅（Si）。在半导体材料里，硅是特别地针对各种各样的用途被广泛、深层地使用着。本书专门对硅作为半导体材料进行讨论。

硅是地球上占 26% 的第二多元素，仅次于氧（O）的 50%。硅是元素周期表中的 IV 族元素，原子序号是 14。因此，原子核的周围有 14 个电子。决定元素的化学性质的最外壳（M 壳）有四个电子。

硅与其他元素（包括自己）化学结合的情况下，由于与这四个电子有关，也叫"四个结合键"。硅的主要性质还包括原子量为 28.1，密度为 $2.33g/cm^3$，熔点为 1414℃ 等（见图 4-4）。

▶ 在电费高的日本成本不划算

硅在地球上有非常丰富的存在。捡起附近的石块，可以想象里面含有大量的硅。这点不用质疑。但是，硅不是作为单独的元素，而是与氧结合成了氧化物

（硅石）而存在的。所以，挖出来的硅石必须先除去氧，只将硅元素取出来。

为了将硅石中的氧除去（还原），要将硅石在电炉中溶解，用木炭等碳材料还原。这样的话，硅以金属状游离出来，变成纯度 98% 的金属硅（见图 4-5）。

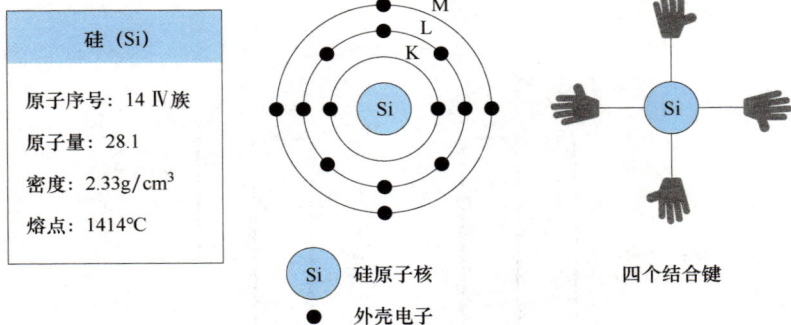

硅（Si）
原子序号：14 IV族
原子量：28.1
密度：2.33g/cm³
熔点：1414℃

Si 硅原子核

● 外壳电子

四个结合键

图 4-4   硅的各种性质

这个过程因为要消耗大量的电，所以硅也叫"电罐头"，在电费相对便宜的中国、俄罗斯、美国、巴西、法国等地生产。在日本，原料的石子（硅）也到处有，但是电费贵的日本，在成本上竞争不过，只能靠进口。

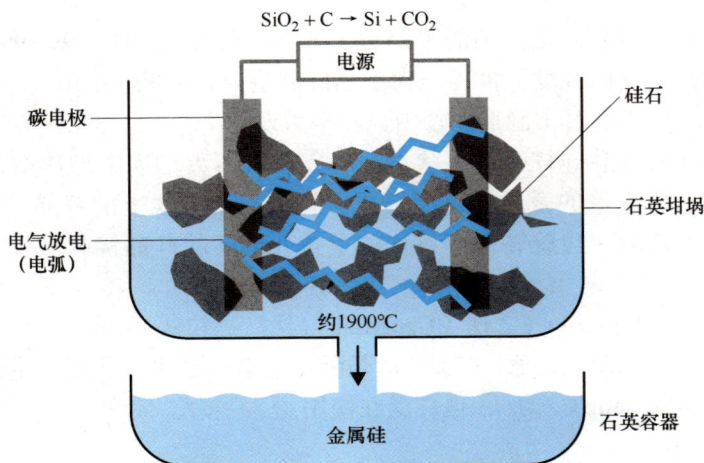

$$SiO_2 + C \rightarrow Si + CO_2$$

电源

碳电极

电气放电
（电弧）

硅石

石英坩埚

约1900℃

金属硅

石英容器

图 4-5   通过硅石还原得到金属硅

▶ 99.999999999% 的超纯度

接着，将块状的脆金属硅打碎成细粒，溶解到盐酸中，制作成三氯硅烷透明液体，再经过蒸馏精制，进行尽可能的纯化。

三氯硅烷再经过典型的热分解方法做成多晶硅。此方法是将精制成高纯度的三氯硅烷和超高纯度的氢气（H_2）导入反应腔，在通电加热的硅线芯表面沉积和生长出棒状的多晶硅（见图4-6）。

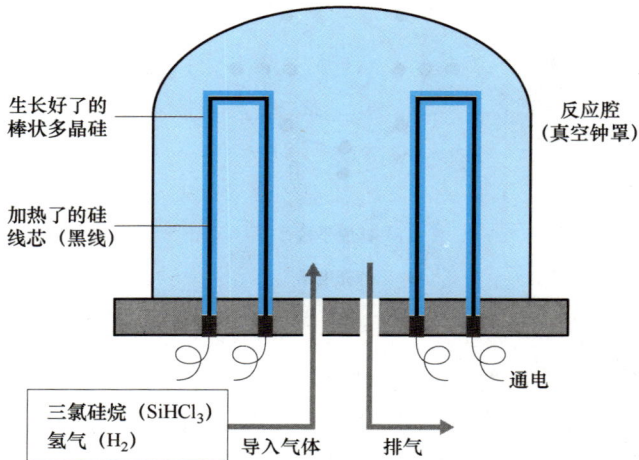

生长好了的
棒状多晶硅

反应腔
（真空钟罩）

加热了的硅
线芯（黑线）

通电

三氯硅烷（$SiHCl_3$）
氢气（H_2）　导入气体　排气

图 4-6　热分解法生长多晶硅

这个阶段的多晶硅是由细的单晶粒组成的，纯度为11N（99.999999999%）。11个9排列是很高的纯度。世界三大多晶硅制造商是通威（中国）、协鑫（中国）和瓦克化学（德国），日本制造商德山也在努力发展。

将高纯度的多晶硅打碎成块状，洗净，投入石英坩埚中加热熔化。这时在坩埚中只添加所需量的微量导电型杂质。将吊在钢琴线上的籽晶（seed，小单晶）与硅熔液接触，边旋转边慢慢地往上拉，棒状的硅晶锭就生长出来了（见图4-7）。

这样的单晶生长法叫CZ法（Czochralski法、提拉法）。另外，为了控制提拉法单晶硅中的微量的氧浓度，在提拉时熔液中设置的超电导磁石产生磁场的方法叫MCZ法（Magnetic CZ法），也广泛在使用。

▶ N 型半导体

单晶硅的硅原子是由四个结合键和周围的四个硅原子结合，形成三维的规则构造。换句话说，硅原子和相邻的原子各出一个电子，双方共有这个电子而结合在一起（共价键）。图4-8用二维模型说明。

提拉流程　　　　　　　　提拉炉

多晶硅碎片
（块状物）　　　　　添加导电型杂质
（磷、硼等）

　　　　　　　　　　　　　　　氩气（Ar）

　　　　　　　　　　　　　　　钢琴线
　　　　　　　　　　　　　　　籽晶（seed）
　　　　　　　　　　　　　　　单晶硅

碳加热器　　石英坩埚
　　　　　　石墨坩埚
　　　硅熔液

加热熔解

　　　　　　　　　　　　　　　石英坩埚
　　　　　　　　　　　硅熔液　石墨坩埚
　　　　　　　　　　　　　　　隔热材料

籽晶接触后开始提拉

单晶硅晶锭

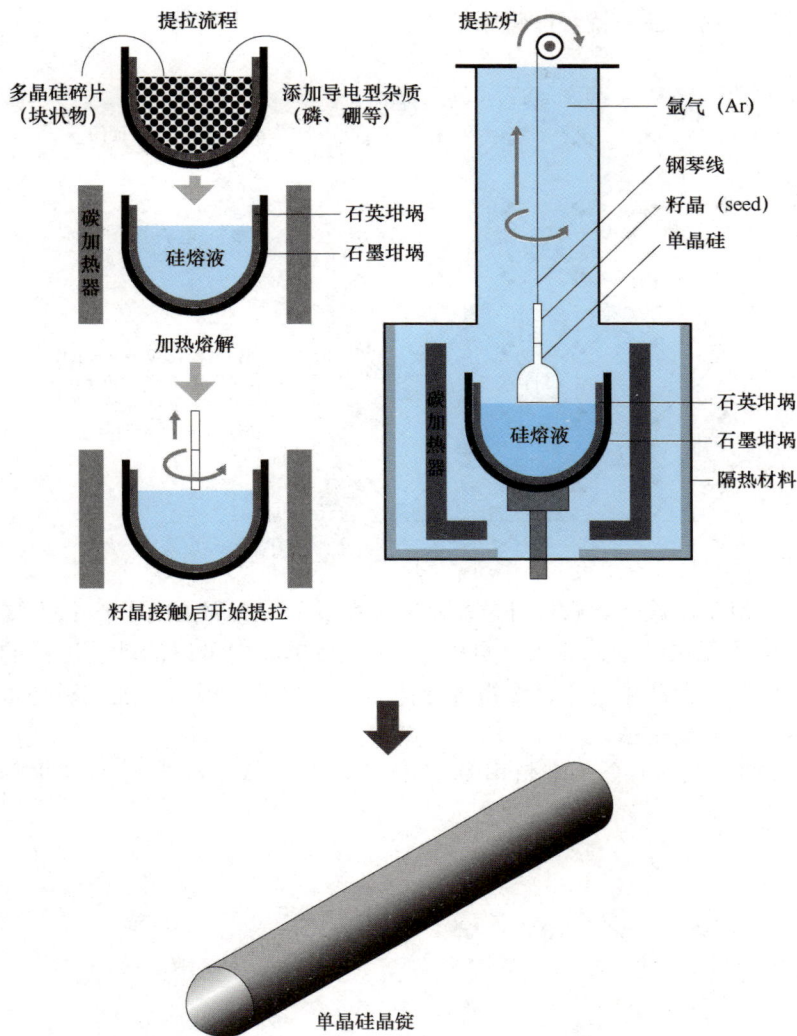

图 4-7　基于 CZ 法的单晶硅提拉

　　单晶硅中，构成结晶的各个硅原子的最外层电子全部被结合占用了（被束缚），没有能自由移动的电子。因此，即使加上电压，也不能产生电流，表现出与绝缘体相近的性质。硅原子有规则地排列的构造叫晶格，硅原子所在的点（场所）叫晶格点。

　　如果向单晶硅里添加微量的所谓导电型杂质磷（P）、砷（As）、硼（B）等，性质就会发生很大的变化。比如，添加微量的 V 族元素磷（P），规则排列的晶格点上的硅原子的一部分就会被磷原子置换。

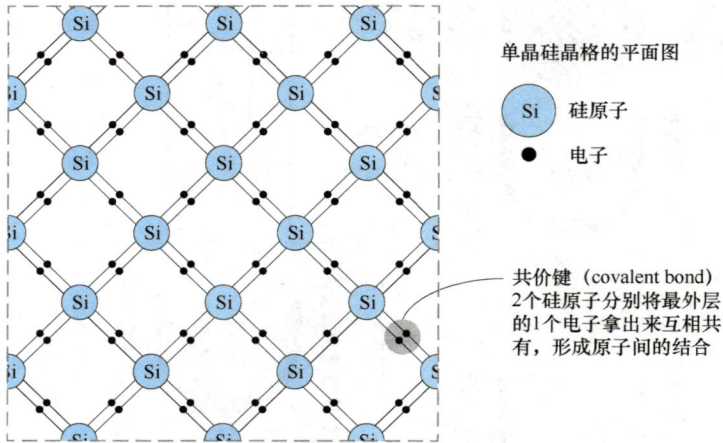

图 4-8　单晶硅的二维模型图

　　但是，由于 V 族元素磷最外层轨道有 5 个电子，与周围的 4 个硅原子结合后，剩余一个电子无法结合，成为"自由电子"，在单晶中可以活动。这样的话，单晶加上电压后就会产生电流，变得像导体一样。一般来说，添加的磷越多，自由电子就越多，电流就越大。

　　这种添加磷的场合，带负电荷的电子导电，因此称为 N 型硅半导体（见图 4-9）。

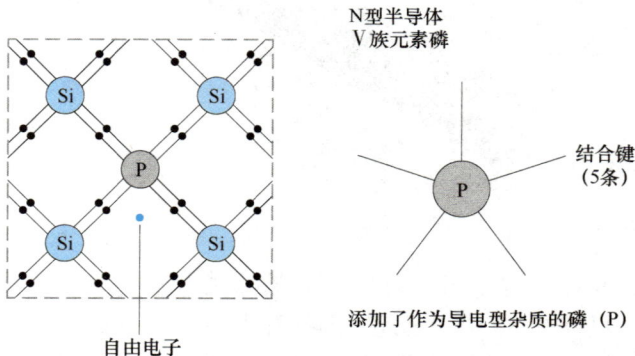

图 4-9　添加磷（P）的 N 型硅半导体

　　因为磷产生（给予）了自由电子，也叫施主型杂质（或单纯叫施主）。砷也是施主型杂质。

▶ P 型半导体

另一方面，添加Ⅲ族元素硼（B）时，硼与周围的四个硅原子组成共价键。由于硼的最外层只有三个电子，成为差一个电子的状态。

附近被束缚的电子可以跳进这个电子不足的地方，产生新的电子不足的地方，其他电子又跳进这里……产生这样一种现象。从外面看这种状态，本来被束缚动不了的电子，就像珠子一样顺次联动起来，加上电压后就产生电流。

这种现象可以公式化地看作是"抽走了电子的空穴在移动"，处理起来非常方便。这个抽出来的空穴看起来像是实在的粒子，叫作"空穴"（hole），也可看作是带正电荷的粒子。

基于带正电荷的空穴导电的硅叫作 P 型硅半导体（见图 4-10）。添加了导电型杂质的 N 型或 P 型半导体也叫杂质半导体。

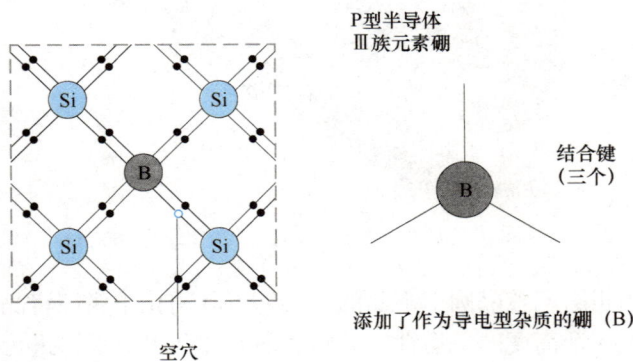

图 4-10　添加硼（B）的 P 型硅半导体

实际上半导体器件制造之前，必须将提拉出来的棒状硅晶锭加工成薄薄的圆形晶圆。首先，切掉硅晶锭的头部和尾部。为了将剩下的可用部分做成预定的晶圆直径，再将外周切削。之后，利用线锯切成晶圆（见图 4-11）。

图 4-11　除去硅晶锭的外周（外周研削）和用线锯切成晶圆

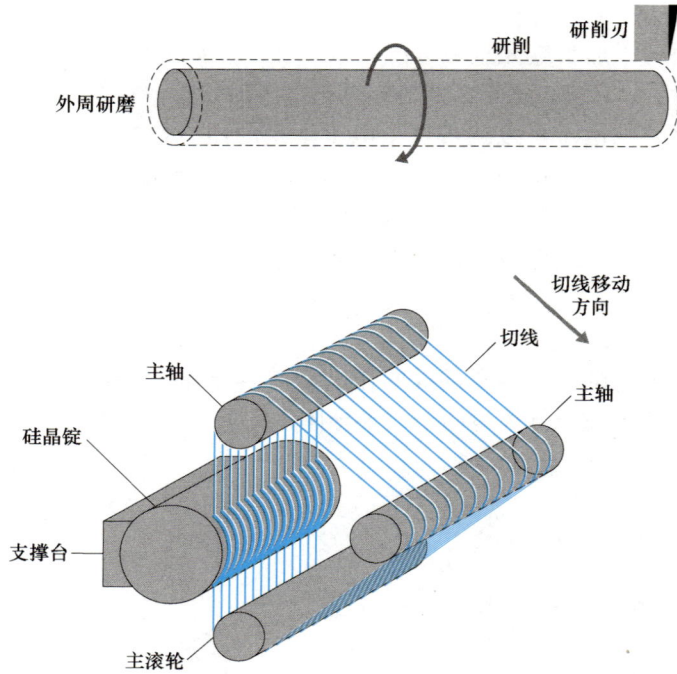

图 4-11　除去硅晶锭的外周（外周研削）和用线锯切成晶圆（续）

接着，利用粗磨调整晶圆上下面的平行度。利用化学腐蚀将晶圆表面的机械损伤去除。为了保证高度的平坦性，晶圆表面的凹凸去掉后再进行抛光。到这一步，晶圆表面（或者背面）变成了锃亮的镜面（见图 4-12）。

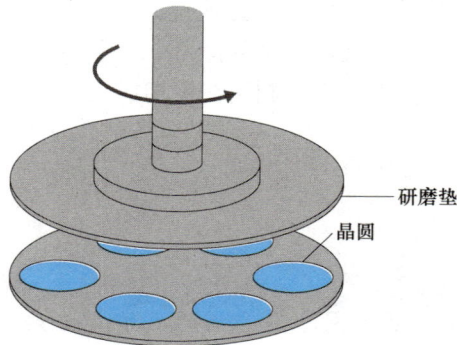

图 4-12　去掉晶圆表面的凹凸，处理成镜面

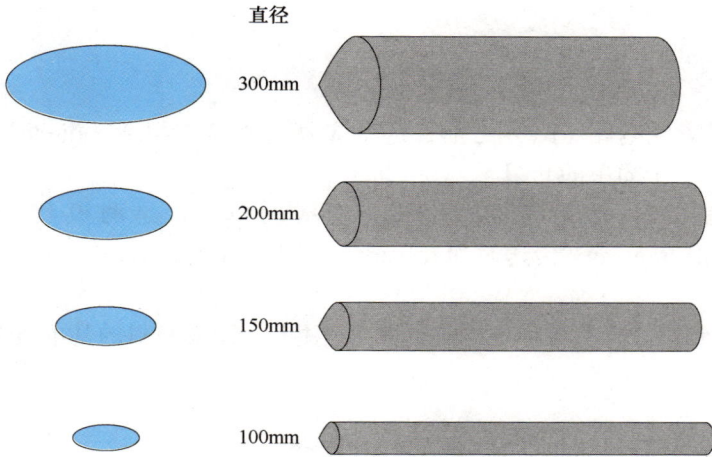

直径

300mm

200mm

150mm

100mm

图 4-12　去掉晶圆表面的凹凸，处理成镜面（续）

　　经过这些步骤完成的晶圆，将具有 13N（13 个 9 排列）纯度和把直径扩大到体育场那么大时面内高低差小于 20μm 的平整度，这是令人惊叹的性质。

　　图 4-13 展示了晶圆大尺寸化的变迁。预计每代产品按照 1.5 倍的步调在推移。

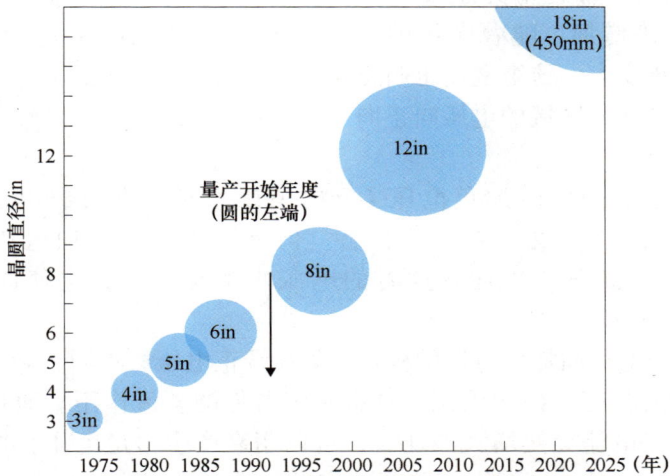

图 4-13　晶圆大尺寸化的变迁

4.3　晶体管

在介绍集成电路（IC）之前，这里先就基本的二极管（diode）和晶体管（transistor）做个简单的介绍。

diode 是 di（两个）和 ode（电极）组成的单词，是两极（二端）器件；transistor 是由 transmit（传送）和 resistor（电阻）组成的单词，是传送信号的电阻的意思。

二极管和晶体管有各种各样的类型。这里只介绍硅材料的基本器件类型。

▶ **二极管的工作原理和种类**

在 4.2 节里有过说明，添加了微量 N 型导电型杂质磷的 N 型晶圆的表面附近部分区域，添加比磷高一点浓度的硼，从而形成 P 型区域。硅基板和 P 型区域引出两个电极，就形成了 PN 结二极管（见图 4-14）。

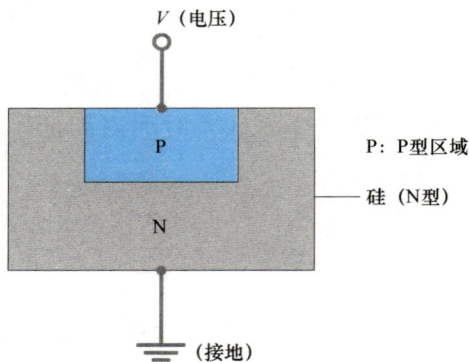

图 4-14　硅 PN 结二极管

将二极管的衬底接地，对 P 型区域从负到正加电压。负偏的场合，两极间基本没有电流；加正偏到超过 0.4V 附近，电流急速增加。随着电压的加大，电流进一步变大。这个电流也叫正方向电流。加在 P 型区域的电压叫正向电压。

另一方面，P 型区域加负电压（反向电压）时基本没有电流。P 型区域变成与 N 型硅衬底电气隔离的状态。但是，当加大反向电压时，在某个电压点，大电流急速增加。这时的电压叫击穿电压，电流叫击穿电流（见图 4-15）。

二极管两个电极间加的电压的极性（某一端正电压）不同，导致电流导通或电流不导通的状态。换句话说，具备有源器件的整流作用。而且，利用加反向电压击穿时电流突然增大的现象，可以用来产生恒定电压。加了反向电压的导电型区域与其他区域变成隔离状态的特性（隔离特性），是非常重要的特性。

▶ 两种 MOS 晶体管

晶体管也有各种各样的型号。下面介绍最广泛使用的典型的"MOS 晶体管"。MOS 晶体管也大概分为两种：一种是利用自由电子导电的 N 沟道 MOS 晶体管（见图 4-16）；另一种是利用空穴导电的所谓 P 沟道 MOS 晶体管（见图 4-17）。

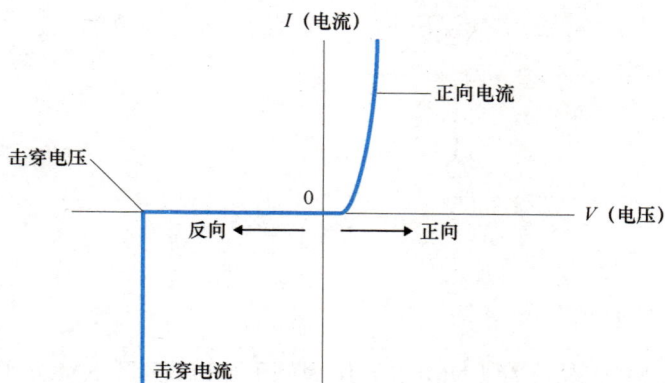

图 4-15   PN 结二极管的整流作用

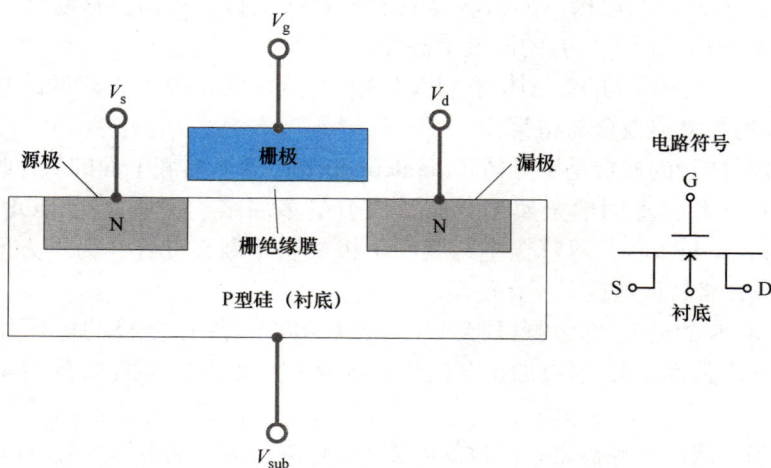

图 4-16   N 沟道 MOS 晶体管的截面图

这些图显示的都是四端子器件的电路符号。N 沟道 MOS 晶体管与 P 沟道 MOS 晶体管的差别在于硅衬底上的箭头方向不一样。

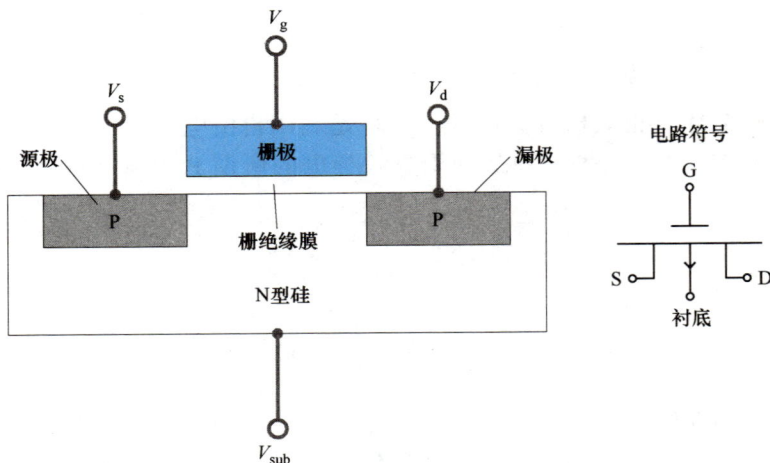

图 4-17　P 沟道 MOS 晶体管的截面图

▶ 为什么叫 "MOS"

把 N 沟道 MOS 晶体管（NMOS）作为例子加以说明。NMOS 里，P 型衬底的表面附近设计了两个离得很近的 N 型区域（源区和漏区）。在源区和漏区之间的硅衬底表面设计了二氧化硅（SiO_2）等栅绝缘膜。栅绝缘膜上面再沉积金属或多晶硅（poly-Si）栅电极。NMOS 是具有硅衬底电极（V_{sub}）、源电极（V_s）、漏电极（V_d）和栅电极（V_g）的四端子器件。

相对应，P 沟道 MOS 晶体管（PMOS）的硅衬底、源区和漏区的导电类型与 NMOS 的导电类型全部相反。

MOS 晶体管的栅极是半导体（Semiconductor，S）衬底上面的氧化物绝缘膜（Oxide，O）和其上面的金属（Metal，M）的多层结构，所以叫 MOS（Metal-Oxide-Semiconductor）。尽管栅绝缘膜和电极材料不断在变迁，为了方便，最原始的这个 MOS 名称到现在还在使用。

将 NMOS 的硅衬底和源极接地（V_{sub}，V_s=0V），加在栅极的电压作为变量（设定一组 V_g 值固定），漏极加正电压往上增加（加大 V_d），就能得到图 4-18 那样的特性。

漏电流（漏极与源极之间流过的电流 I_d）作纵坐标、漏电压（V_d）作横坐标、栅极的电压作为变量（设定一组 V_g 值固定）画出的特性一般叫 I-V 特性（电流-电压特性），是晶体管最基本的特性。

对于 PMOS，将加在栅极和漏极的电压设为负电压，就能得到图 4-19 那样

的 I-V 特性。

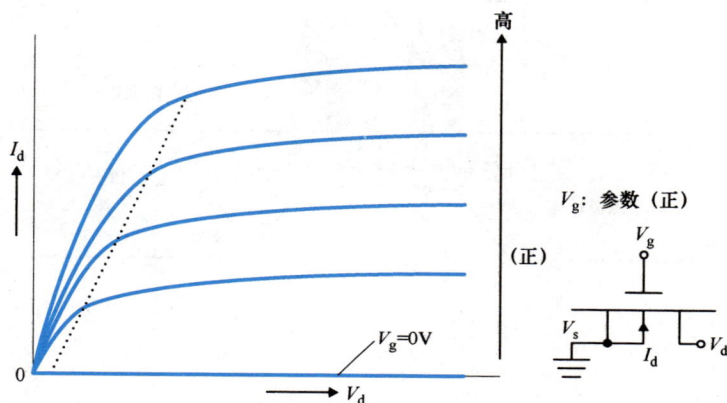

图 4-18 N 沟道 MOS 晶体管的 I-V 特性

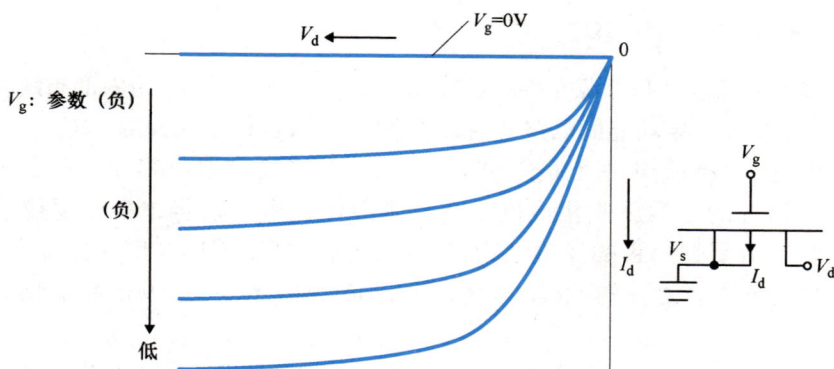

图 4-19 P 沟道 MOS 晶体管的 I-V 特性

　　加在 MOS 晶体管栅极的电压不同，漏极与源极间的电流开 - 关（ON-OFF）切换，开态状态下的电流也会变化，因此具有开关和放大的功能。

　　为了更加直观地理解到此为止解释的 MOS 晶体管工作原理，图 4-20 做了一个类比说明。从图上很容易类推，MOS 晶体管中供应电子的源极就是"水源"，将电子引出的漏极就是"排水口"，控制沟道中流动电子（电流）增减的栅极就相当于"闸门"。换句话说，在 MOS 晶体管的漏极加电压相当于排水口的机械泵起动，在栅极加电压相当于闸门开启。

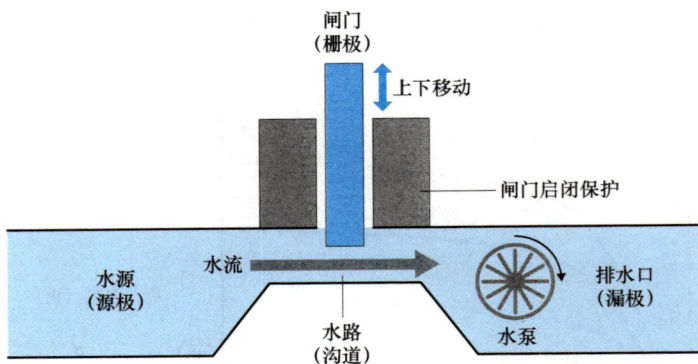

图 4-20　MOS 晶体管的类比

4.4　集成电路和集成度

▶ 集成电路、IC 和 LSI

　　将多个有源器件和无源元件集成在单个芯片（chip）上，用内部布线将它们互相连接，实现一定功能的电路就叫集成电路（Integrated Circuits，IC）。

　　将集成电路制造在里面的晶圆就叫 IC 芯片或简单地叫芯片。单个芯片上集成的元器件的个数就叫集成度。随着半导体技术的进步，集成度按照每一年半到两年就要翻一番的经验规则在推移。这个规则就叫"摩尔定律"。这是英特尔公司创立者之一的戈登·摩尔（Gordon Moore）在 1965 年提出的著名定律。

　　根据集成度的不同，集成电路又被赋予了各种各样的名称（见图 4-21）。

IC	英文全称	中文名称	集成度
SSI	Small Scale Integration	小规模集成电路	不到 100 个
MSI	Medium Scale Integration	中规模集成电路	100~1000 个
LSI	Large Scale Integration	大规模集成电路	1000~10 万个
VLSI	Very Large Scale Integration	超大规模集成电路	10 万 ~1000 万个
ULSI	Ultra Large Scale Integration	特大规模集成电路	1000 万个以上

　　注：VLSI 和 ULSI 有时也统称为超 LSI。

图 4-21　IC 基于集成度不同的名称

从图中可以看出，根据集成度的基准（元器件数 / 芯片），100 个以内为 SSI、100~1000 个为 MSI、1000~10 万个为 LSI、10 万 ~1000 万个为 VLSI、1000 万个以上为 ULSI。其中 VLSI 和 ULSI 又统称为超 LSI。顺便说一下，最近的 IC 芯片实际上集成了数十亿到百亿个元器件。

再补充一点。关于集成电路的名称，不时看到误解的用法。这是因为这里说的集成电路（IC）是小规模集成电路，比它集成度高的电路叫作 LSI。实际上，集成电路是一般的叫法，如果按照集成度的规模区分，就是上面说明的那样区分。

但是，最近基于规模而使用不同名称的情况在减少。一般来说，多数情况下总称为 IC（集成电路）或 LSI。

▶ 提高集成度的好处是什么

那么，提高集成度能带来什么样的好处呢？

有两个好处。一是提高了集成度，芯片上的元器件尺寸和布线尺寸缩小（微细化）带来高的集成密度。二是将同一个 IC 芯片的规模做得更大，所谓大芯片化。

由于微细化，芯片尺寸大概每三年缩小为原来的 0.7 倍。由于大芯片化，最近先进 IC 工艺可以制造数平方厘米以上的大芯片。这就意味着在一个芯片上可实现多功能、高功能和高性能。同时，实现同一功能的成本也降低了。

前面介绍过，伴随高集成化，单个 IC 芯片可以实现多功能化、高功能化，这是由于元器件的微细化和芯片的大面积化，更多的元器件可以搭载在芯片上。还可以达到高性能化和高可靠性化。伴随元件的微细化，工作速度能得到提高。与印制电路板上元器件的互相连接（外部布线）相比，芯片内元件的互相布线方式线长更短，可以抑制信号的延迟。同时，由于信号布线引起的可靠性问题也得到改善。

4.5　集成电路的功能分类和代表性制造商

集成电路（IC）按照功能的分类如图 4-22 所示。但是，这里所列举的主要是集成电路中基于 MOS 晶体管的处理数字信号的集成电路。主要的 IC 产品及代表性制造商如图 4-23 所示。

```
IC ─┬─ 存储器 ─┬─（易失性）─┬─ DRAM
    │           │            │
    │           │            └─ SRAM
    │           │
    │           └─（非易失性）┬─ 闪存
    │                         │
    │                         └─ MRAM、PCRAM、RRAM
    │
    ├─ CPU
    │
    ├─ MPU
    │
    ├─ MCU
    │
    ├─ GPU
    │
    ├─ DSP
    │
    ├─ 逻辑电路 ─┬─ 标准逻辑电路
    │            │
    │            ├─ 半定制逻辑电路
    │            │
    │            └─ 显示驱动器
    │
    ├─ FPGA
    │
    ├─ ADC、DAC
    │
    ├─ SOC
    │
    ├─ 应用处理器
    │
    └─ 图像传感器
```

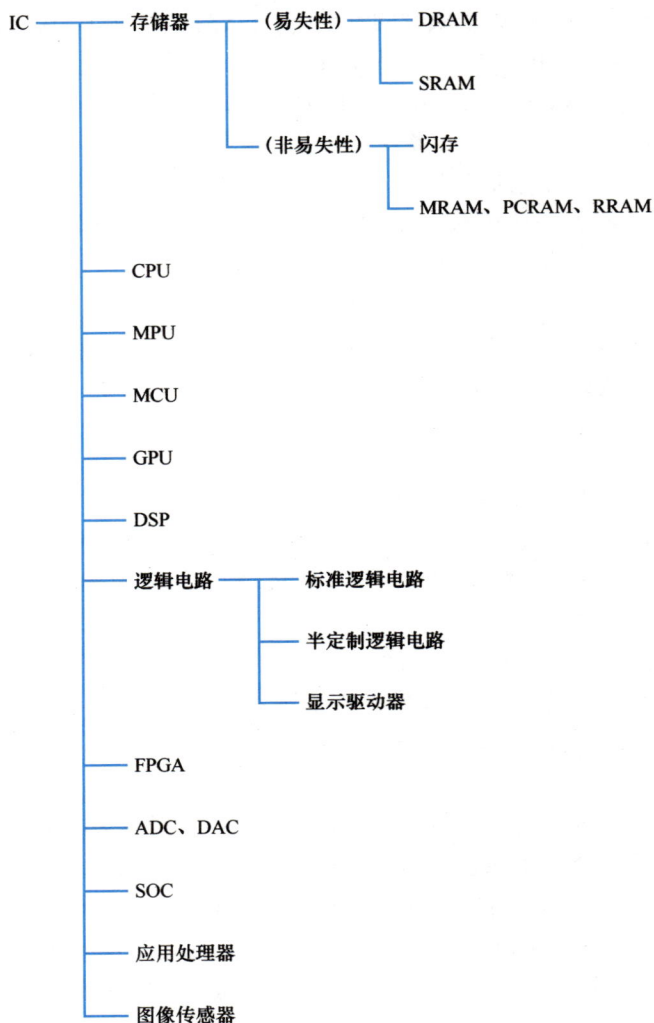

图 4-22　集成电路（IC）按照功能的分类——
采用 MOS 晶体管的数字 IC

▶ 存储器

　　存储信息，并根据需要把信息从里面取出来利用的 IC 叫存储器。存储器也分为电源切断后信息消失的易失性存储器和即使电源切断后信息也不会消失的非易失性存储器。典型的易失性存储器有 DRAM（动态随机存储器）和 SRAM（静态随机存储器）。

而且，还有 MRAM（磁性 RAM）、PCRAM（相变 RAM）、RRAM（阻变 RAM）等采用新材料开发的新型存储器。其中一部分已经产品化了。

IC 产品	主要用途	代表性制造商
DRAM	计算机主存储器	三星电子、SK 海力士、美光、南亚科技
SRAM	高速缓冲存储器	众多（不特定）
闪存	移动终端的内部存储器、存储卡	三星电子、铠侠、西部数据、SK 海力士、美光
MPU	计算机的"心脏"（CPU）	英特尔、高通、AMD、恩智浦、德州仪器
MCU	电子机器控制、物联网	瑞萨电子、恩智浦、德州仪器、意法半导体
GPU	深度学习、游戏机、挖矿机	英伟达、英特尔、AMD
DSP	数字信号解析或运算	恩智浦、德州仪器、Pixelworks
逻辑	逻辑运算功能	众多（不特定）
FPGA	高清电视、DVD 投影仪、移动终端	赛灵思（现 AMD）、英特尔、Microchip、Lattice Semiconductor、QuickLogic
ADC、DAC	数码相机、摄影机、医疗器械、图像处理传输设备	德州仪器、瑞萨电子、Analog Devices
应用处理器（SoC 的一种）	深度学习、网络、基带	谷歌、苹果、亚马逊、Meta、思科、诺基亚、博通、华为、联发科技、Marvel
图像传感器	智能手机、数码相机、摄影机、PC、游戏机、汽车、无人机、工业设备、网络设备	索尼、三星电子、豪威、意法半导体

图 4-23　主要的 IC 产品及代表性制造商

这些存储器中被广泛认识的是 DRAM。它由一个 MOS 晶体管和一个电容构成存储单元，具有相对简单的结构，容易实现高集成化和大存储容量化，单位比特的成本可以控制得相对较低。虽然写入速度和读取速度较快，但存储的信息会慢慢丢失，需要重新写入（刷新）的操作。基于这样的特性，它在计算机的主板存储中广泛大量地在使用。

DRAM 的代表性制造商有三星电子、SK 海力士、美光、南亚科技等。

　　SRAM 通常由六个 MOS 晶体管的存储单元构成，高集成化和大存储容量化较难，单位比特的成本也不容易降下来。由于不用刷新操作，读入和读出的速度非常快，可作为高速缓存使用。

　　SRAM 的制造商很多，这里就不特别列出。

　　闪存（Flash）存储器是典型的非易失性存储器，切断电源也能将信息存储下来。一个存储晶体管就可以构成存储单元，因此高集成化、大存储容量化、单位比特的低成本化成为可能。特别是 NAND 闪存（利用了 NAND 逻辑的闪存）能够高集成化，作为存储的工具，广泛大量地用在智能手机等终端的内部存储器、存储卡、SSD 等。

　　闪存存储器的制造商有三星电子、铠侠、西部数据、SK 海力士、美光等。

▶ 等同大脑的"CPU"

　　CPU（中央处理器）是计算机"心脏"的 IC，进行各种计算处理和控制等。

　　在这种 CPU 内部，MPU（微处理器）是将具有计算和控制功能的电路部分集成在一个芯片上的处理器，具有所谓 CISC 系统和 RISC 系统两个系统。CISC 系统是硬件，很复杂，但是软件比较轻便。反之，RISC 系统软件比较复杂，硬件做起来容易。总体倾向来看，近年 RISC 系统是发展趋势。

　　MCU（微控制器）是基于 MPU 的控制器，与 MPU 相比，功能和性能的规模都要小，是非常紧凑的集成微控制器。

　　MCU 的制造商有瑞萨电子、恩智浦、德州仪器、意法半导体等。

▶ 特定的具有专用功能的芯片

　　GPU（图形处理器）是 3D 图像实时绘制时需要的处理器，也是高速计算机处理时特定的处理芯片。相对个人计算机、服务器"大脑"的 CPU，GPU 是具有"图像处理专用的大脑"作用的 IC，在游戏和比特币（虚拟货币）的挖矿机中使用。

　　GPU 的制造商有英伟达、英特尔、AMD 等。

　　DSP（数字信号处理器）是处理数字化信号的特定处理器的芯片。它是能够快速执行数据量大的音频或图像处理的 IC，非常擅长并行处理细分的命令。DSP 的制造商有恩智浦、德州仪器、Pixelworks 等。

　　逻辑电路有标准的逻辑电路、半定制逻辑电路、显示驱动器等。半定制逻辑电路是依照用户或用途部分特定的电路，而显示驱动器是在液晶或有机 EL 显示器上的图像驱动 IC。

还有一种叫作 FPGA（使用者能够编程的逻辑电路阵列）的芯片。FPGA 是 PLD（可编程逻辑器件）的一种，器件完成后，用户可以根据目的通过编程改变功能。这对新产品的开发、原型化的迅速执行，或者 AI 技术的发展有很大的帮助，最近越来越受到关注。

FPGA 的制造商有赛灵思（2022 年被 AMD 收购）、英特尔（收购了 Altera）、Microchip、莱迪思（Lattice）、QuickLogic 等。

ADC（模数转换器）、DAC（数模转换器）分别是模拟信号转换到数字信号或者数字信号转换到模拟信号的电路。使用转换器转换成数字信号的方式，能将复杂的处理比较快速准确地执行。

ADC、DAC 的制造商有德州仪器、瑞萨电子、亚德诺（ADI）等。

SoC（System on Chip，片上系统）就像名称一样，是单个芯片上搭载了具有系统功能的 IC。前面已经讲过，SoC 集成了各种各样的功能。大型 IT 公司正在开发深度学习（人工智能）用处理器、针对自己产品的独立处理器。这些应用处理器也是 SoC 的一种。

应用处理器是利用 SoC 技术做成的符合特定目的（功能 / 操作）的处理器。应用处理器的制造商有美国的谷歌、苹果、亚马逊、Meta，还有思科、博通、美满电子等。美国以外有诺基亚、华为、联发科技等。

图像传感器（摄像元件）是将入射到镜头的光信号变换成电气信号的 IC，也叫"电子眼"。通过 PD（光电二极管）将入射的光信号转换成电信号，再将这些信号进行各种各样的处理，再进行成像和传感。图像传感器的制造商有索尼、三星电子、豪威（OmniVision）、意法半导体等。

除了以上描述的具有各种各样功能的集成电路，还有进行模拟信号处理、电源和动力控制的模拟 IC，基于化合物半导体基板的半导体激光器，发出可见光的 LED（发光二极管），控制或变换电力而不是信号的功率半导体，以及微机电系统（MEMS），其是一种具有微米级超紧凑结构的器件，可将传感器、驱动器和电子电路等微型机械器件结合在一起。

例如，在物联网系统中，通过半导体传感器收集的数据，尽可能在终端处理，只是将处理不了的数据上传到网上，即所谓边缘数据处理，也叫边缘计算。这个方法很有效。为了这个目的，各种功能的元件集成到一个 IC 芯片上（见图 4-24）。

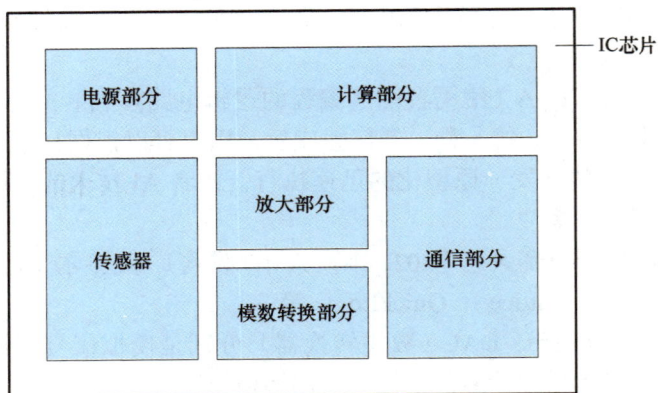

图 4-24　物联网中边缘数据处理 IC 芯片的例子

专栏　登纳德定律（Dennard Scaling，按比例缩小定律）

　　前面已经讲述过半导体（MOS LSI）的微小化、高集成化的经验定律（摩尔定律）。与 MOS 晶体管微小化的摩尔定律相比，还有一个更加物理化的定律，叫作登纳德定律。这是 IBM 的罗伯特·登纳德（Robert Dennard）在 1974 年发表的适合 MOS 晶体管的微小化发展的一个有效的指导原则，也叫按比例缩小定律。

　　具体内容是假定缩小系数为 k（<1.0），MOS 晶体管的尺寸（沟道长度 L、沟道宽度 W、栅绝缘膜厚度 T_{ox} 等）也设计成 k 倍，那么信号传输的延迟时间将为 k 倍，功耗将为 k^2 倍。实际上，半导体（MOS LSI）中使用的 MOS 晶体管，按照大约每三年 $k=0.7$ 倍的缩小系数在微小化。

MOSFET 的按比例缩小定律

	参数	按比例缩小系数
器件结构	沟道长度 L	k
	沟道宽度 W	k
	栅氧化膜厚度 t_{ox}	k
	结深 x_j	k
	器件占用面积 S	k^2
	衬底掺杂浓度 N_{sub}	$1/k$
电路参数	电场强度 E	1
	电压 V	k
	电流 I	k
	电容 C	k
	延迟时间 $\tau=VC/I$	k
	功耗 $P=IV$	k^2
	功耗密度 P/S	1

芯片有什么用途，起什么作用

5.1 芯片是用来做什么的——计算机领域

▶ 产业的大米"半导体"

日本有一个词叫作"产业的大米"。这是第二次世界大战后在日本经济学中出现的一个术语，指的是在产业中起核心作用、广泛应用于多个领域、成为整个产业基础，并且是生活中不可或缺的东西。在日本的经济高速增长时期，"产业的大米"指的是"钢铁"，但后来直到现在变成了"半导体"。

那么，当被问到半导体到底用于哪些方面，起着什么样的作用时，或许很多人都无法轻易回答。在本章的前半部分，我们将解释它的各种应用领域以及具体的使用方式。

在后半部分，我们将介绍半导体的基本功能及其工作原理。对于这一部分，可能有些读者不太熟悉，因此如果觉得难以理解，可以直接跳到第 6 章，这样对整体理解不会造成困难。不过，如果您对此有那么一丁点兴趣，不妨把它当作一种脑力体操，轻松地看一看。

▶ 从超级计算机到身边的个人计算机 CPU

说到"具有智能功能的物品"，大多数人首先想到的可能是计算机。从最先进的超级计算机，到服务器、工作站和个人计算机，计算机涵盖了多个层次。无论是哪一种计算机，核心部分都会有 CPU，此外还包括 GPU、FPGA、存储器（作为主存储器的 DRAM 和作为缓存的 SRAM）、作为辅助存储器的 NAND 闪存等 IC，以及各种控制 IC 和通信 IC 等多种芯片。

　　例如，截至 2022 年，拥有全球最强性能之一的日本超级计算机"富岳"使用了超过 15 万个特制 CPU（A64FX）（见图 5-1）。

图 5-1　用于"富岳"的特制 CPU（A64FX）

　　一般来说，计算机的层级越高，使用的 CPU 性能也越强。例如，英特尔的 CPU，从用于数据中心、商用服务器、工作站的高端 MPU Xeon（至强），到用于个人计算机的 Core i（酷睿）系列，再到低端的 Celeron（赛扬）等，涵盖了不同的产品。

▶ **也用于移动设备吗**

在笔记本计算机、智能手机、平板电脑等移动设备中，也使用了 CPU、GPU、内存、存储器、控制 IC、输入输出 IC、通信 IC 等芯片。

移动设备用 CPU 的特点是，与计算机用 CPU 相比，虽然性能稍逊一筹，但拥有更注重低功耗的具有特色的 SoC（将 CPU 和应用功能集成在同一芯片上的多功能 IC）。

例如，苹果的 A 系列、高通的 Snapdragon（骁龙）系列、三星电子的 Exynos 系列、海思的 Kirin（麒麟）系列、联发科技的 Dimensity（天玑）系列和 Helio（曦力）系列、谷歌的 Tensor、AMD 的 Athlon（速龙）、紫光展锐的 T618，以及英特尔的 Atom（凌动）等。

以智能手机作为移动设备的代表示例，我们来看看其中使用的半导体种类。智能手机的核心部分是应用处理器（AI 芯片）。这是一种能够在移动端 OS 上最优化运行应用程序的处理器。

此外，还有 CPU、GPU、DSP、通信 MODEM、CODEC、PLL、RFIC、放大器、LCD/OLED 驱动器、音频 IC，以及作为存储器的 DRAM、SRAM、闪存等芯片。作为智能手机特有的组件，还搭载了 MEMS 传感器（温度、压力、加速度）、MEMS（扬声器、麦克风）、图像传感器、高功率 IC、ADC/DAC、电源 IC 等芯片（见图 5-2 和图 5-3）。

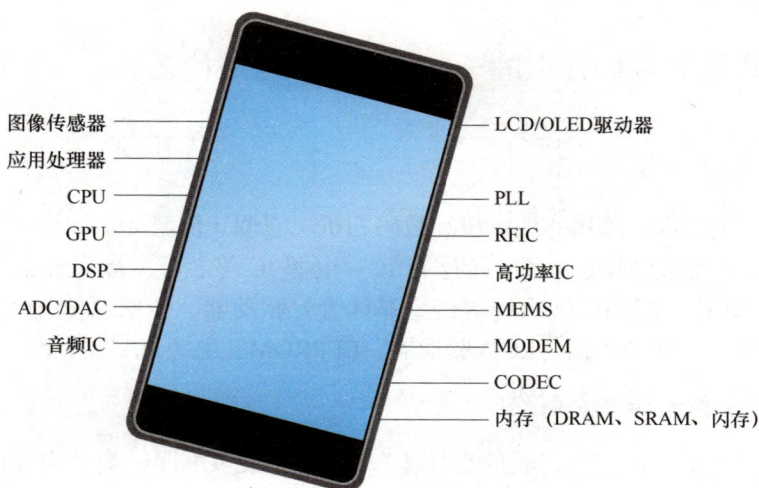

图 5-2　智能手机中也使用了各种 IC

应用处理器会用于语音助手等基于人工智能（AI）的功能。通信 MODEM 是用于将数据进行数字调制，以便通过电波进行发送和接收的专用 IC，主要由高通、博通和联发科技等公司供应。在智能手机中，需要使用 4.1V 的锂离子电池提供各种电源，因此也需要 DC/DC 变换器等电源 IC。

应用处理器
CPU、GPU、DSP
MODEM、CODEC
PLL、RFIC、放大器、高功率 IC、电源 IC
LCD/OLED 驱动器
音频 IC
内存（DRAM、SRAM、闪存）
MEMS（传感器、麦克风、扬声器）
图像传感器
ADC/DAC
……

图 5-3　智能手机中搭载的各种半导体的例子

5.2　芯片是用来做什么的——身边的产品是什么

▶ 家电中使用了哪些 IC

电视、电饭锅、冰箱、洗衣机、数码相机、空调、体温计、计步器等家电产品也使用了大量的 MCU、各种传感器 IC、电源 IC 等芯片。以电饭锅为例，内部搭载了 MCU、IGBT（绝缘栅双极型晶体管）驱动器、传感器（温度、触摸）、语音合成 IC、音频放大器、LCD 驱动器、EEPROM、电源 IC 等芯片。

▶ 汽车用车载半导体是什么

最近的汽车被称为"行驶的半导体"，搭载了很多不同种类的半导体。这些半导体被称为"车载半导体"。

具体来说，发动机和制动器等行驶控制系统，仪表盘和电动后视镜等车身控制系统，以及车载音响和导航等信息系统，有着数十个到上百个微控制器（MCU），用于检测压力、加速度和转速等的 MEMS 传感器，作为电子眼的图像传感器，以及用于电力系统的控制和用于驱动动力窗、雨刷、转向灯等设备的小型电动机的功率半导体。

此外，在电动汽车（EV）中，功率半导体用于电动机控制和再生制动充电等。在汽车的零部件中，半导体所占的比例预计会从目前的百分之几，增加到高档车中的 20%。特别是随着自动驾驶的普及，由于危险检测方面的需求，半导体的重要性将会进一步提高。

▶ IC 卡里呢

IC 卡和磁条卡在外观上相似，但内部结构有很大不同。IC 卡是指"搭载 IC 芯片的卡片"，可分为"接触型"和"非接触型"两种。接触型是指具有与卡片终端机的读写器直接接触的内置端子类型。非接触型则是卡片内部内置天线，通过靠近终端的读写器发出的磁场进行无线通信来交换数据的类型（见图 5-4）。

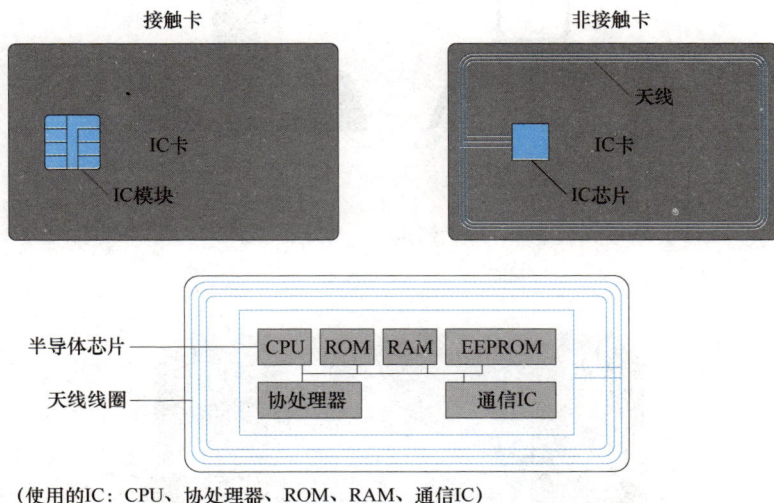

（使用的IC：CPU、协处理器、ROM、RAM、通信IC）

图 5-4　IC 卡中也使用了各种 IC

IC 卡中有包括金融类的储蓄卡、信用卡，交通类的公交卡，以及居民基础卡、驾驶证等的各种卡正在被广泛使用。所搭载的 IC 包括 CPU、协处理器（辅助 CPU 功能的 IC）、存储器（ROM、RAM、EEPROM）等。

▶ 电子游戏机中使用了哪些 IC

电子游戏机是指通过液晶屏幕进行操作的内置软件的小型便携式游戏机，但最近被称为"先进半导体的宝库"，搭载了各种最先进的半导体。

例如，集成了 CPU 和 GPU 的 SoC、融合搭载了 DRAM 与逻辑器件的 LSI（eDRAM），或者 MEMS 运动传感器、触摸屏控制 IC、低功耗 MCU（微控制器）、DSP（专用于数字信号处理）、NFC 控制 IC（检测 IC 标签）、PMIC（电源管理 IC）、LED 驱动器（LED 点亮驱动设备）等多种芯片都被广泛搭载（见图 5-5）。

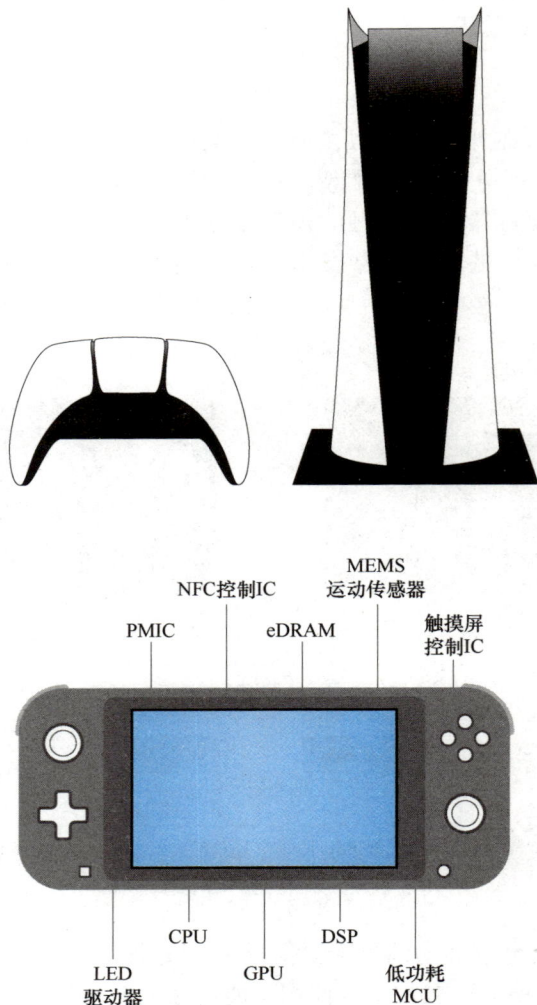

图 5-5   电子游戏机中也使用了许多 IC

5.3　芯片是用来做什么的——在基础设施、医疗领域

IT 技术的应用正在不断推进，以改善和提升这些作为支撑生活的公共基础设施和系统：电力、天然气、自来水、道路、交通、电话，以及互联网等通信服务和医疗服务等。

其核心是半导体，虽然你可能不会立刻察觉，但是各种各样的半导体已用于各个领域中。

例如，在加工机械、工业机械、半导体制造设备、工业机器人等领域，也使用了很多不同种类的半导体（IC）。在这里，特别是用于掌握周围环境和工作状态的图像传感器、声音传感器、加速度传感器、温度传感器等各种 MEMS 传感器，用于数据解析和控制的 MCU（微控制器）和 DSP、DRAM 和闪存、功率半导体、通信 IC、FPGA 等（见图 5-6）。

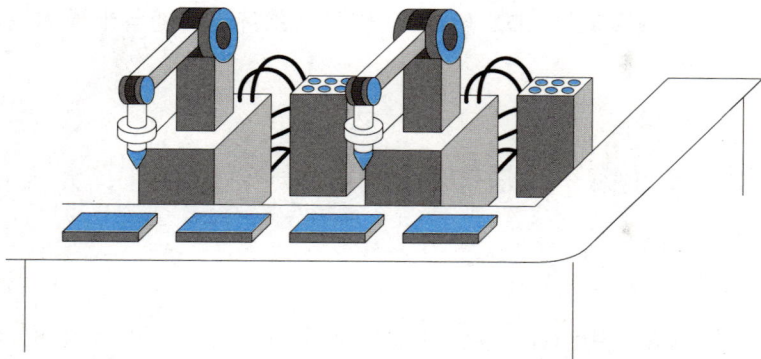

MEMS传感器、MCU、DSP、FPGA、DRAM、闪存、通信IC、功率半导体等

图 5-6　在加工机械等中使用的无数 IC

在医疗领域，从 CT、MRI、PET 等高端医疗设备，到内窥镜、计步器、电子体温计，各种半导体传感器和控制用微控制器等多种多样的半导体被广泛应用。

胃镜和大肠内窥镜等设备早已被广泛使用，但最近出现了利用先进半导体技术的胶囊型内窥镜（见图 5-7）。胶囊型内窥镜中包含用于照亮内部组织的 LED、用于拍摄的图像传感器、与外部进行数据交换的无线通信 IC，以及用于整体控制的微控制器和 ASIC（专用集成电路）等。

为了进行健康管理，需要收集体温、血压、脉搏、体重等各种信息。因此，

需要各种 MEMS 半导体传感器，并且需要将收集到的数据发送到服务器进行
解析。

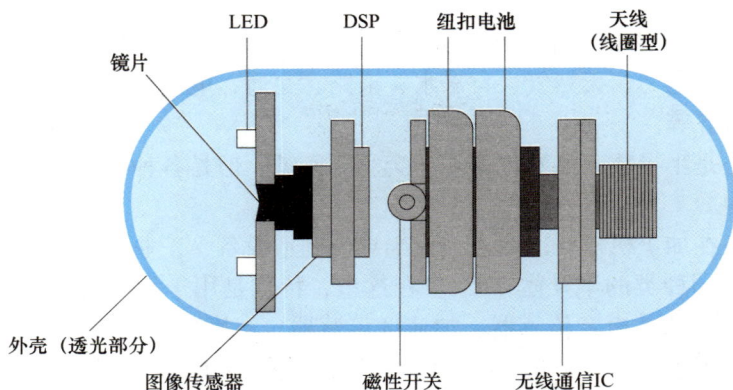

图 5-7　医疗用胶囊型内窥镜中也使用了 IC

　　由此可见，医疗领域的 DX（数字化转型）预计也将随着半导体技术的提升
而快速发展。

5.4　芯片在工业第一线是如何使用的——AI、IoT、无人机等

▶ 数据中心里呢

　　IT 化的利用和应用正在扩大和演变，需求也日益多样化。此外，作为应对
自然灾害等的业务连续性计划（BCP）的一部分，系统的安全运行也受到重视。
数据中心是用于存放和运行服务器及网络设备等 IT 设备的设施。

　　数据中心大量使用英特尔的 Xeon 和 AMD 的 EPYC 高性能服务器（MPU），
英伟达和 AMD 等的 GPU、应用处理器、FPGA、DRAM 和闪存、通信 IC 等
芯片。

　　大型 IT 公司等拥有的被称为超大规模的巨型数据中心，由于需要大量电力
和冷却用水，有时引起建设地区居民的质疑。

▶ 在人工智能和深度学习领域中呢

　　人工智能（AI）根据最初的定义，是指"创造智能机器，特别是智能计算
机程序的科学和技术"。另一方面，深度学习（Deep Learning）是让计算机学习

人类自然进行的工作和任务的一种机器学习的方法，采用类似人类通过学习逐步复杂化神经网络的过程的原理，成为今天 AI 技术的核心（见图 5-8）。

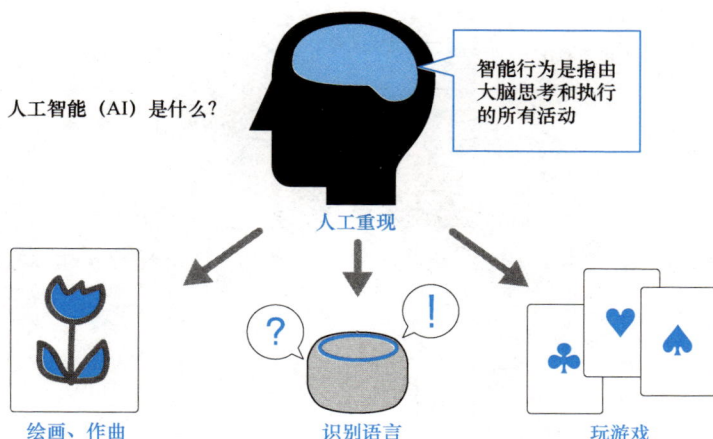

图 5-8　在人工智能（AI）中也发挥作用的 IC

作为具备机器学习和深度学习机制的 AI 芯片（加速器），有谷歌的 TPU（Tensor Processing Unit，张量处理器）、苹果的 Axx 仿生芯片、英特尔的 XPU、IBM 的 Telum 等处理器。

▶ 在物联网（IoT）和数字化转型（DX）中呢

物联网（IoT）是指通过将各种物品连接到互联网，互相交换信息，从而实现数字社会的方法。另一方面，数字化转型（DX）是通过将先进的数字技术渗透到社会的各个方面，以实现更加丰富和美好的生活（见图 5-9）。

在物联网和数字化转型等系统中也使用了各种各样的 IC。其中有利用微机电系统（MEMS）检测、收集模拟数据的温度传感器、压力传感器、加速度传感器、陀螺仪（检测旋转）或者采用 CMOS 技术的图像传感器等传感器。此外，还使用了放大微弱模拟信号的模拟 IC、将模拟信号转换为数字信号的 ADC（模数转换器）、处理数字信号的 MCU（微控制器）以及将处理后的信息转换为模拟信号的 DAC（数模转换器）等。

此外，用于将处理过的信息上传到互联网的通信 IC，以及用于运行整体的 PMIC（电源管理 IC）等也是不可缺的。此外，在物联网设备较多的情况下，为了在上传到互联网之前在端侧（设备所在侧）进行一定程度的数据分析和处理，网关中也可能搭载 SoC 或 CPU。

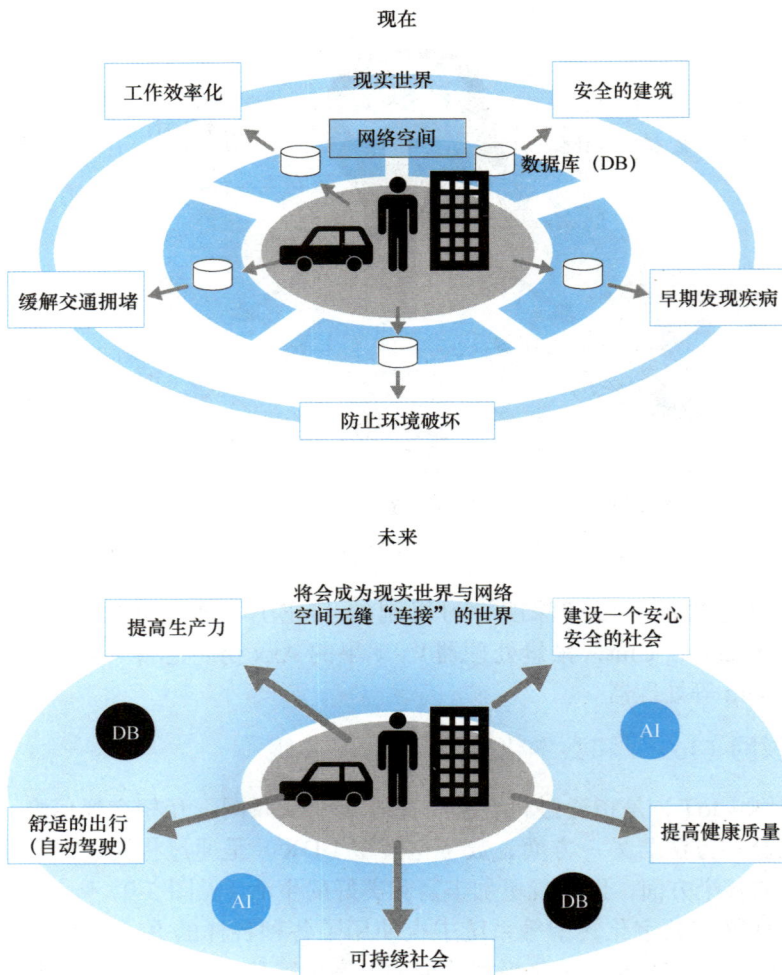

图 5-9　物联网、数字化转型和其他热门话题中的 IC

▶ 无人机里呢

　　最近，建筑工地等地方越来越多地使用无人机来掌握周边状况。例如，使用搭载在无人机上的各种传感器可以采集图像、声音、力、加速度、温度等数据。

此外，为了了解机器的工作状态，还搭载了用于感知、识别和辨认的图像传感器和 MEMS 传感器等。为了控制机器人和无人机自身，还配备了 MCU（微控制器）、DSP、用于处理网络和互联网连接的通信协议处理 IC，以及用于动力和控制器控制的功率半导体等（见图 5-10）。

MEMS传感器、图像传感器、MCU、DAC、通信IC、FPGA、功率半导体等
图 5-10　用于无人机的 IC

如上所述，半导体的应用领域和设备非常广泛。所有这些都是为了利用半导体来提高人们生活的便利性、舒适性和安全性，减少对地球环境的负担，实现碳中和等，使系统高功能化、高性能化和高效率化，以及设备和装置的小型化、轻量化、高可靠性和低成本化，但这种趋势最终也影响到了半导体本身以及半导体制造设备。

5.5　任何复杂的逻辑都是基本逻辑的组合——什么是布尔代数

接下来，我们将探讨"半导体是基于什么原理和机制来运作的，以及它们是如何发挥各种作用的"。把半导体（IC）的功能分为"逻辑"和"存储"，来解释半导体的基本机制。

▶ 三种逻辑符号

半导体能实现各种功能（计算、运算、存储等）的基础是"逻辑"。在日常生活中，常常会使用"请更有逻辑地说"这样的表达。显然"逻辑"一词是用来表示"合乎道理，毫无疑问"的意思，甚至有"连神也无法违背逻辑"这样的说法。

在半导体（IC）内部被处理的各种计算和运算是由称为逻辑电路的部分执行的。构成逻辑电路基础的基本逻辑中，包括了逻辑否（NOT）、逻辑或（OR）、逻辑与（AND）等，无论多复杂的逻辑都可以通过基本逻辑的组合来实现。

这些基本逻辑用命题 A、B 和三种运算符（‾）、（+）、（·）来表示，分别具有以下含义。

逻辑否（NOT）$\overline{A}$，表示"不是 A，A 的反面"
逻辑或（OR）A + B，表示"A 或 B"
逻辑与（AND）A · B，表示"A 且 B，既是 A 又是 B"

这三种基本逻辑的图示称为"维恩图"（Venn Diagram），如图 5-11 所示。

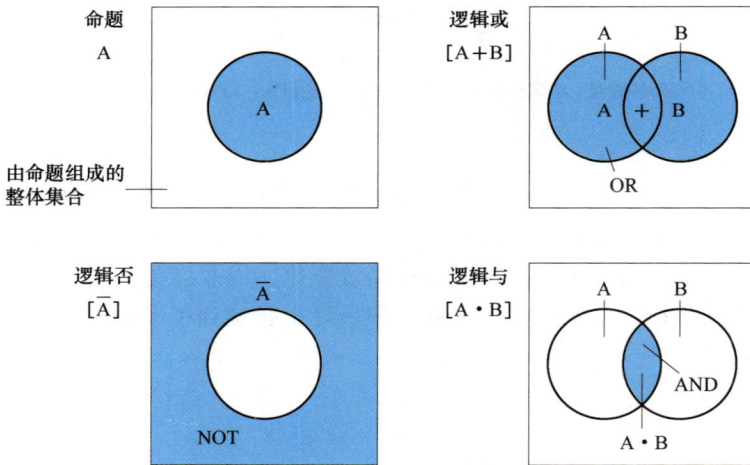

图 5-11　否、或、与的维恩图

▶ 用"1"和"0"来表示一切

半导体的逻辑电路运算基于 19 世纪英国数学家乔治·布尔创立的"布尔代数"。在逻辑学中，命题的真值（即"真"或"假"）可以用布尔代数中的符号"1"和"0"表示。在实际的半导体（IC）电路中，与布尔代数中的逻辑值"1"和"0"相对应的是电压。

也就是说，对应于"1"的是供电电压（V_{dd}），例如 V_{dd}=3V；而对应于"0"

的是接地（GND），GND=0V。

　　那么，从下一节开始，我们将看看实际使用半导体进行基本逻辑运算的电路是怎样的。在这里，我们将解释使用 4.3 节中所提到的 N 沟道 MOS 晶体管和 P 沟道 MOS 晶体管的电路结构。

5.6　NOT 电路的功能和作用

▶ 什么是 NOT 电路

　　NOT 电路是指对输入信号 X 的真值"1"和"0"，输出相反真值"0"和"1"的信号 Y 的电路。在进入具体说明之前，让我们先确认一些基本事项。

　　首先，图 5-12 展示了 N 沟道 MOS 晶体管和 P 沟道 MOS 晶体管的电路符号。它们各自有四个端子（源极 S、漏极 D、栅极 G、衬底 SUB）（图中小圆圈部分）。这些端子由衬底端子上附加的箭头（→和←）来被区分为 N 沟道（←）和 P 沟道（→）。

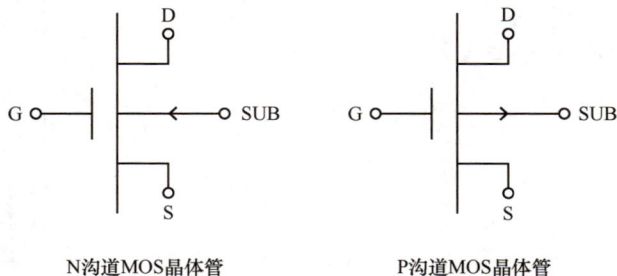

图 5-12　晶体管电路符号

　　施加到这四个端子上的电压分别称为源极电压 V_s、漏极电压 V_d、栅极电压 V_g 和衬底电压 V_sub。

　　在这里，我们将 N 沟道 MOS 晶体管的源极和衬底接地（$V_\mathrm{s}=V_\mathrm{sub}=0V$），在漏极施加 3V（$V_\mathrm{d}=3V$）的情况下，考虑栅极电压 V_g 为 3V（$V_\mathrm{g}=3V$）和 0V（$V_\mathrm{g}=0V$）时的状态（见图 5-13a）。当 $V_\mathrm{g}=3V$ 时，如图 5-13b 所示，N 沟道 MOS 晶体管处于"导通"（ON）状态，源极和漏极之间导通。

　　另一方面，当 $V_\mathrm{g}=0V$ 时，如图 5-13c 所示，N 沟道 MOS 晶体管处于"截止"（OFF）状态，源极和漏极之间不导通。

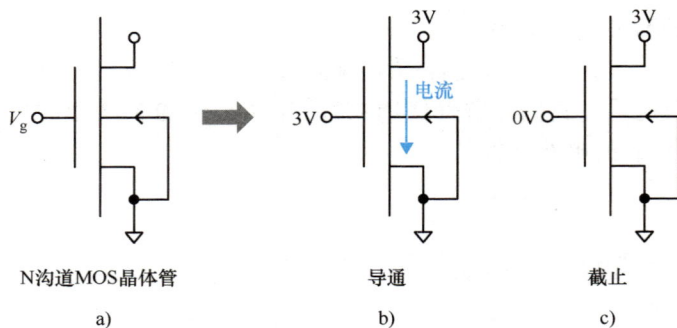

N沟道MOS晶体管　　　　　导通　　　　　截止
a)　　　　　　　　　　　b)　　　　　　　　c)

图 5-13　N 沟道 MOS 晶体管的工作原理

接下来，我们在 P 沟道 MOS 晶体管的源极和衬底上施加 3V（$V_d=V_{sub}=3V$）的情况下，考虑栅极电压 V_g 为 3V（$V_g=3V$）和 0V（$V_g=0V$）时的状态（见图 5-14）。

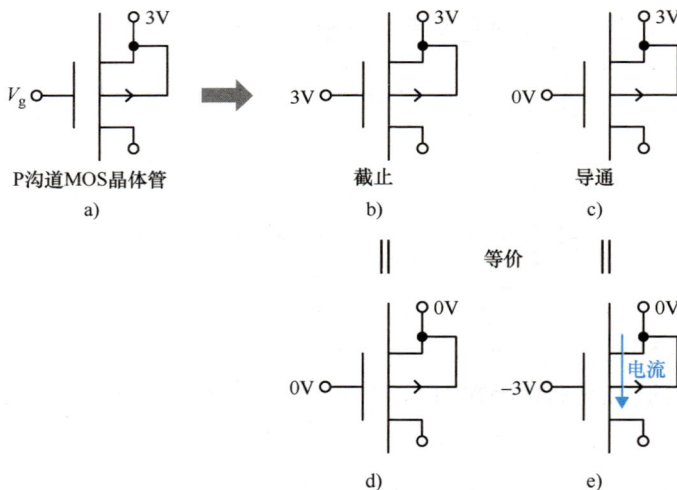

P沟道MOS晶体管　　　　　截止　　　　　导通
a)　　　　　　　　　　　b)　　　　　　　　c)

等价

d)　　　　　　　　e)

图 5-14　P 沟道 MOS 晶体管的工作原理

不过，在这种情况下，由于衬底上也施加了 3V，因此在考虑端子间的电压差（电位差）时，需要稍微做一些调整。也就是说，在考虑 MOS 晶体管的工作时，端子上施加电压的绝对值并不是问题，关键在于端子之间的相互电压差。

例如，当导电线的一端为 0V、另一端为 3V 时，与一端为 2V、另一端为 5V 时流过的电流是相同的。也就是说，只有两端的电压差（3V=5V–2V）是有意义的。

考虑到以上内容，图 5-14b 和 c 的端子电压关系可以重写为等效的图 5-14d 和 e。在图 5-14d 中，由于 V_g=0V，P 沟道 MOS 晶体管处于截止状态，源极和漏极之间不导通。而在图 5-14e 中，由于 V_g=–3V，P 沟道 MOS 晶体管处于导通状态，源极和漏极之间导通。

▶ **NOT 电路（反相器）的构成方法**

在以上准备的基础上，我们来看一下 NOT 电路的构成方法。NOT 电路或称为反相器（Inverter），可以通过图 5-15 所示的电路图来实现。

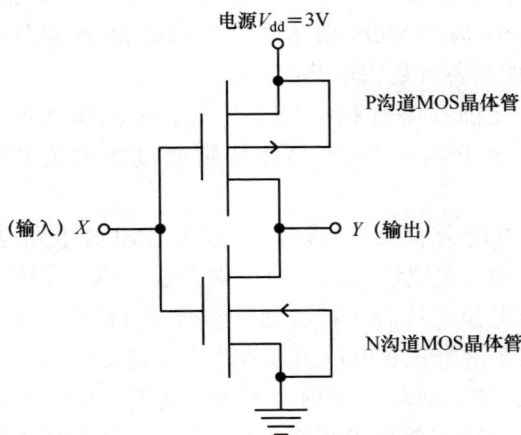

图 5-15　NOT 电路图（CMOS 反相器）

也就是说，将 N 沟道 MOS 晶体管和 P 沟道 MOS 晶体管串联，连接点为输出 Y，两个晶体管的公共栅极为输入 X。这样的 N 沟道和 P 沟道 MOS 晶体管组合的电路称为 CMOS（Complementary MOS，互补型 MOS），因此图 5-15 的电路称为 CMOS 反相器。

在这个电路中，当输入 X 加上 3V 时，从前面提到的图 5-13b 和图 5-14d 的组合可以看出，N 沟道 MOS 晶体管是导通状态，而 P 沟道 MOS 晶体管是截止状态，因此输出 Y 被拉向 GND 侧，变为 0V。

另一方面，当输入 X 加上 0V 时，从前面提到的图 5-13c 和图 5-14e 的组合可以看出，N 沟道 MOS 晶体管是截止状态，而 P 沟道 MOS 晶体管是导通状态，因此输出 Y 被拉向 3V 侧，变为 3V。

在这里，将输入 X 和输出 Y 的电压 3V 对应为逻辑值"1"，而将电压 0V 对应为逻辑值"0"，则 X 和 Y 的关系如图 5-16 所示。这被称为真值表。此外，

NOT 电路（反相器）的电路符号如图 5-17 所示。

X	Y
1	0
0	1

图 5-16　NOT 电路的真值表　　　　　图 5-17　NOT 电路符号

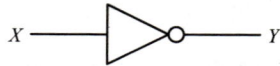

▶ NOT 电路（反相器）是电路构成的基础

在这里提到的 NOT 电路（反相器）是构成各种电路的最基本的电路。结合了被称为 CMOS 的 N 沟道 MOS 晶体管和 P 沟道 MOS 晶体管的 CMOS 反相器将成为接下来要说明的各种逻辑电路的基础。

顺便提一下，之前我解释过："N 沟道 MOS 晶体管通过施加正电压到漏极和栅极来工作，而 P 沟道 MOS 晶体管则通过施加负电压到漏极和栅极来工作"。

然而，在这里可能会有人产生疑问。因为 CMOS 电路是使用正电压（V_{dd}>0V）工作，并没有使用负电压。之所以能做到这一点，是因为在驱动晶体管时，基准始终是衬底的电位（V_{sub}），而加到其他端子（源极、漏极、栅极）的电压（V_s、V_d、V_g）相对于这个衬底电位的差值才是有意义的。

因此，请注意，如先前对 CMOS 反相器的说明，N 沟道 MOS 晶体管的衬底是接地，而 P 沟道 MOS 晶体管的衬底则与源极一起连接到电源（V_{dd}）。

为了实现这一点，P 沟道 MOS 晶体管的衬底（相当于）并不是 N 沟道 MOS 晶体管的原始衬底，而是在原始衬底中设立了 N 型区域（在这种情况下称为阱），并在其内部形成 P 沟道 MOS 晶体管。

5.7　OR 电路和 NOR 电路的功能和作用

▶ 什么是 OR 电路

OR 电路是对两个输入 X_1 和 X_2，其输出 Y 可视为 $Y=X_1+X_2$ 的基本逻辑电路。在这种逻辑中，真值表如图 5-18 所示，即仅在 $X_1=X_2=0$ 时 $Y=0$，而对于其他 X_1 和 X_2 的组合，Y 全部为 1。图 5-18 还显示了逻辑公式和电路符号。

OR逻辑　　　　　真值表

X_1	X_2	Y
0	0	0
1	0	1
0	1	1
1	1	1

逻辑公式

$$Y = X_1 + X_2$$

电路符号

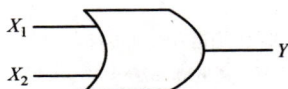

图 5-18　OR 电路的真值表、逻辑公式、电路符号

▶ 什么是 NOR 电路

与 OR 逻辑相反的是 NOR 逻辑（见图 5-19）。这是一种否定逻辑，对于两个输入 X_1 和 X_2，其输出 Y 表示为 $Y=\overline{X_1+X_2}$。

NOR逻辑　　　　　真值表

X_1	X_2	Y
0	0	1
1	0	0
0	1	0
1	1	0

逻辑公式

$$Y = \overline{X_1 + X_2}$$

电路符号

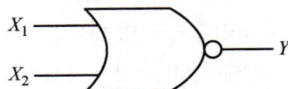

图 5-19　NOR 电路的真值表、逻辑公式、电路符号

换句话说，Y=NOT（X_1+X_2）=NOT（OR），简称为 NOR，是 OR 的否定逻辑。图 5-19 展示了 NOR 逻辑的真值表、逻辑公式和电路符号。

一般来说，在半导体（IC）的电路设计中，会使用 NOR 电路而不是 OR 电路。原因是，电路构成的基本单元是 NOT 电路（反相器），因此使用 NOR 电路所会比 OR 电路减少所需的晶体管数量。所以从实际设计的角度来看，应该将其理解为 NOR=NOT（OR），而不是 OR=NOT（NOR）。

▶ NOR 电路的构成方法

以上面的内容为基础，下面在图 5-20 中展示了基于 CMOS 的 NOR 电路构成法。该电路由 N 沟道 MOS 晶体管 Q1 和 Q2，以及 P 沟道 MOS 晶体管 Q3 和 Q4 构成，输入 X_1 连接到 Q1 和 Q4 的栅极，输入 X_2 连接到 Q2 和 Q3 的栅极，输出 Y 则连接到并联的 Q1 和 Q2 的漏极，以及串联的 Q3 和 Q4 的 Q3 的漏极上。

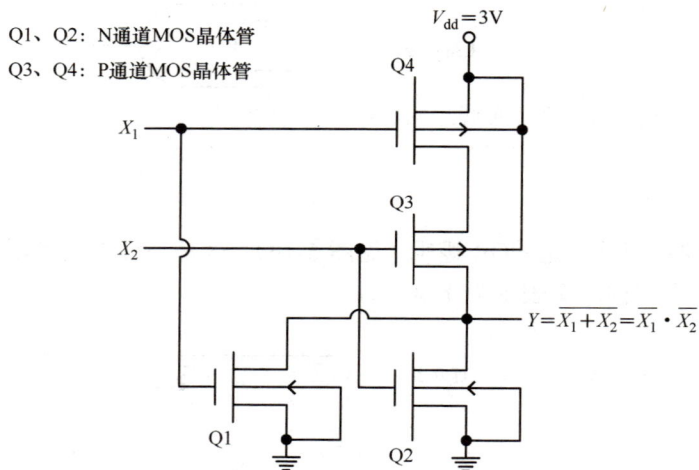

图 5-20　NOR 电路的构成示例

从该电路图可以很容易看出，只有在 Q3 和 Q4 这两个晶体管同时处于导通状态时，即当输入 X_1 和 X_2 的两个输入都为 "0" 时，Q1 和 Q2 这两个晶体管才会处于截止状态，从而使输出 Y 通过串联的 Q3 和 Q4 连接到 3V，则为 "1"。在其他输入组合下，Q1 或 Q2 中的一个晶体管会处于导通状态，而 Q3 或 Q4 中的一个晶体管会处于截止状态，因此输出 Y 将接地，变为 0V，则为 "0"。这正好与 NOR 逻辑的真值表一致。

NOR 逻辑的维恩图表示如图 5-21 所示。

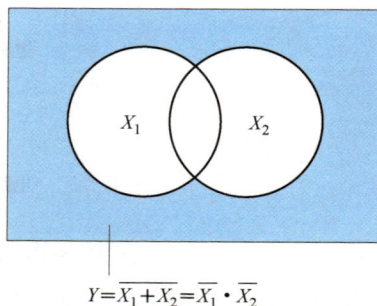

$$Y=\overline{X_1+X_2}=\overline{X_1}\cdot\overline{X_2}$$

图 5-21　NOR 逻辑的维恩图表示

5.8   AND 电路和 NAND 电路的功能和作用

▶ 什么是 AND 电路

AND 电路是对于两个输入 X_1 和 X_2，输出 Y 表示为 $Y=X_1 \cdot X_2$ 的逻辑电路。这个逻辑的真值表如图 5-22 所示。

换句话说，只有当 $X_1=X_2=1$ 时输出 Y 才会为 1，而在其他 X_1 和 X_2 的组合下，输出 Y 都为 0。图 5-22 展示了 AND 电路的真值表、逻辑公式和电路符号。

AND 逻辑 真值表

X_1	X_2	Y
0	0	0
1	0	0
0	1	0
1	1	1

逻辑公式

$$Y = X_1 \cdot X_2$$

电路符号

图 5-22   AND 电路的真值表、逻辑公式、电路符号

▶ 什么是 NAND 电路

与 AND 逻辑相反的是 NAND 逻辑，即 AND 逻辑的否定逻辑。在 NAND 逻辑中，$Y=\overline{X_1 \cdot X_2}$=NOT（$X_1 \cdot X_2$）=NOT（AND），是 AND 的否定逻辑。

图 5-23 显示了 NAND 逻辑的真值表、逻辑公式和电路符号。

被称为 NAND 闪存的存储器在存储用途上被广泛使用，你可能听说过，这种存储器正是由我们在这里描述的 NAND 逻辑构成的。

NAND 电路由 CMOS 组成的方法如图 5-24 所示。该电路由 N 沟道 MOS 晶体管 Q1 和 Q2，以及 P 沟道 MOS 晶体管 Q3 和 Q4 组成，输入 X_1 连接到 Q1 和 Q3 的栅极，X_2 连接到 Q2 和 Q4 的栅极，输出 Y 则连接在串联的 Q1 和 Q2 的 Q2

侧的漏极，以及并联的 **Q3** 和 **Q4** 的公共漏极节点上。

NAND逻辑　　　　真值表

X_1	X_2	Y
0	0	1
1	0	1
0	1	1
1	1	0

逻辑公式　　　　$Y = \overline{X_1 \cdot X_2}$

电路符号

X_1　X_2　Y

图 5-23　NAND 电路的真值表、逻辑公式、电路符号

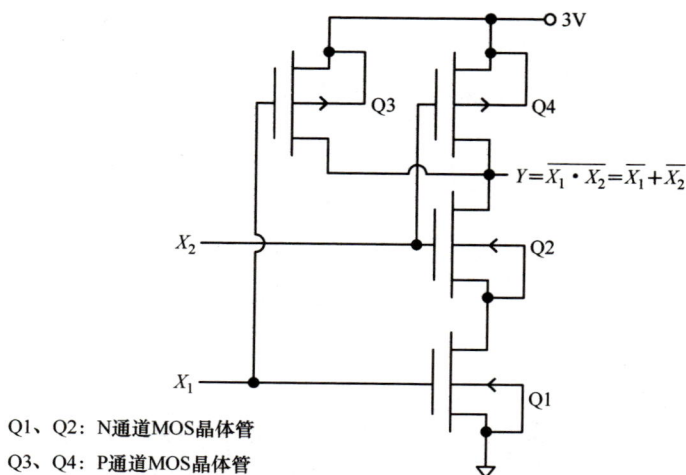

$$Y = \overline{X_1 \cdot X_2} = \overline{X_1} + \overline{X_2}$$

3V　Q3　Q4　X_2　Q2　X_1　Q1

Q1、Q2：N通道MOS晶体管
Q3、Q4：P通道MOS晶体管

图 5-24　NAND 电路的构成示例

　　从该电路图可以很容易看出，只有当 Q1 和 Q2 两个晶体管都处于导通状态，而 Q3 和 Q4 两个晶体管都处于截止状态时，也就是当 X_1 和 X_2 两个输入均为 "1" 时，输出 Y 通过串联的 Q1 和 Q2 连接到地，则成为 "0"。对于其他输入组合，Q1 或 Q2 中的一个晶体管将处于截止状态，而 Q3 或 Q4 中的一个晶体管将处于导通状态，因此输出 Y 将连接到 3V，则成为 "1"。这与 NAND 的真值表完全一致。

NAND 逻辑的维恩图表示如图 5-25 所示。

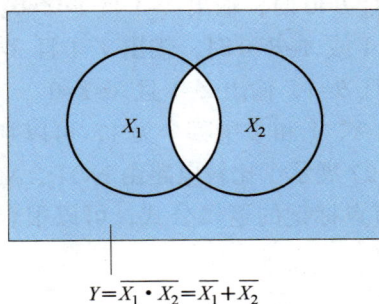

$$Y = \overline{X_1 \cdot X_2} = \overline{X_1} + \overline{X_2}$$

图 5-25　NAND 逻辑的维恩图表示

5.9　比较电路和匹配电路的功能和作用

▶ 比较电路

对多个输入信号的大小进行比较，并输出结果的逻辑电路称为比较电路或比较器（Comparator）。在这里，我们将讨论一个对于最简单的 2 个输入 A 和 B，输出为 X、Y、Z 的比较电路，其真值表、逻辑公式和逻辑符号如图 5-26 所示。

真值表

输入		输出		
A	B	X	Y	Z
0	0	0	1	0
0	1	0	0	1
1	0	1	0	0
1	1	0	1	0

逻辑公式

2 个输入 ⋯ A,B
3 个输出 ⋯ X,Y,Z

$$X = A \cdot \overline{B}$$
$$Y = A \cdot B + \overline{A} \cdot \overline{B}$$
$$Z = \overline{A} \cdot B$$

逻辑符号

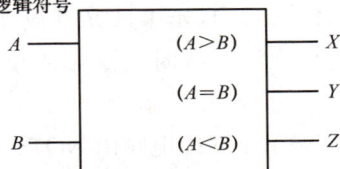

图 5-26　比较逻辑中的真值表、逻辑公式、逻辑符号

从真值表中可以得出以下几点：

1）当 $A>B$，即 $A=1$ 且 $B=0$ 时，输出 $X=1$ 且 $Y=Z=0$。

2）当 $A=B$，即 $A=B=1$ 或 $A=B=0$ 时，输出 $Y=1$ 且 $X=Z=0$。

3）当 $A<B$，即 $A=0$ 且 $B=1$，输出 $Z=1$ 且 $X=Y=0$。

也就是说，通过输出 X、Y 和 Z 中哪个为 1，可以判断输入 A 和 B 之间的大小关系或是否相等。图 5-27 展示了比较电路由 NOT、AND 和 OR 组成的电路结构示例。通过图中主要节点标记的逻辑公式，可以很容易地看出这是一个比较电路。

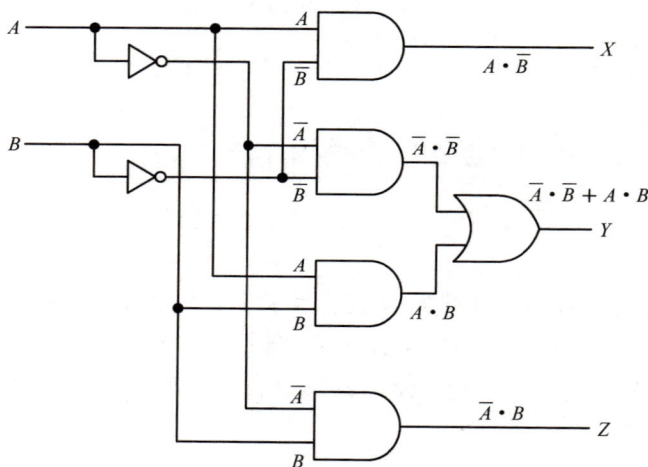

图 5-27　比较逻辑的构成示例

▶ **匹配电路**

图 5-28 展示了匹配电路的真值表、逻辑公式和逻辑符号。对于两个输入 A 和 B，输出只有一个 Y。从真值表中可以看出以下几点：

1）当 $A=B$，即 $A=B=1$ 或 $A=B=0$ 时，输出 $Y=1$。

2）当 $A \neq B$，即 $A=1$ 且 $B=0$ 或 $A=0$ 且 $B=1$ 时，输出 $Y=0$。

也就是说，当 $Y=1$ 时，输入 A 和 B 是匹配的；当 $Y=0$ 时，输入 A 和 B 是不匹配的。

图 5-29 展示了匹配电路由 NOT、OR 和 AND 组成的结构示例。

真值表　　　　　　　　　　　　逻辑公式

输入		输出
A	B	Y
0	0	1
0	1	0
1	0	0
1	1	1

2个输入 … A,B

1个输出 … Y

$$Y = A \cdot B + \overline{A} \cdot \overline{B}$$

逻辑符号

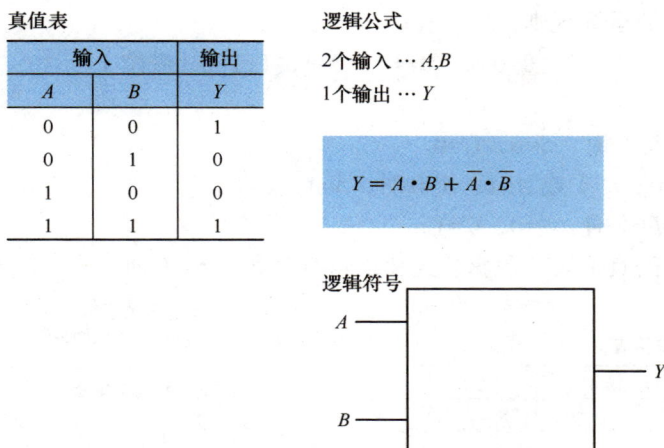

图 5-28　匹配电路中的真值表、逻辑公式、逻辑符号

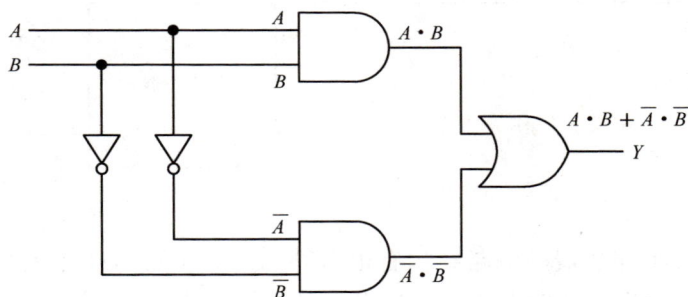

图 5-29　匹配电路的构成示例

5.10　加法电路和减法电路的功能和作用

▶ 什么是加法电路

具备加法功能的电路称为加法电路或加法器（Adder）。加法器分为半加法器和全加法器两种，以下我们将讨论半加法器。需要注意的是，在之前的介绍中，"1"和"0"始终是逻辑值，但在这里它们表示的是二进制数字。

半加法器（Half Adder，HA）不考虑来自低位的进位，只进行该位的加法运算。因此，半加法器为两个输入 A 和 B，输出和 S（Sum）和进位 C（Carry），则根据二进制的运算规则：

$$0+0=0, \quad 0+1=1+0=1, \quad 1+1=0 \text{（进位 1）}$$

可得出

1）当 $A=B=0$ 时，$S=0$，$C=0$。

2）当 $A=0$、$B=1$ 或 $A=1$、$B=0$ 时，$S=1$，$C=0$。

3）当 $A=B=1$ 时，$S=0$，$C=1$。

半加法器的真值表、逻辑公式和逻辑符号如图 5-30 所示。

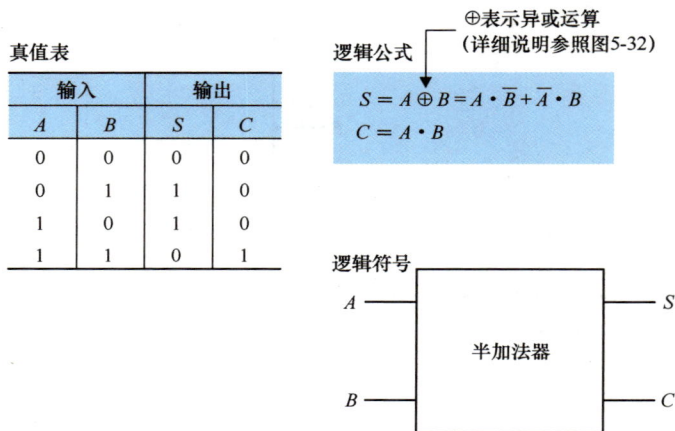

图 5-30　半加法器中的真值表、逻辑公式、逻辑符号

可以实现半加法器的电路结构有很多种，这里在图 5-31 中展示由 NOT 和 NAND 的构成示例。从输入 A 和 B 导出输出 S 和 C 的过程可以通过跟踪图中每个节点所标示的逻辑公式来理解。

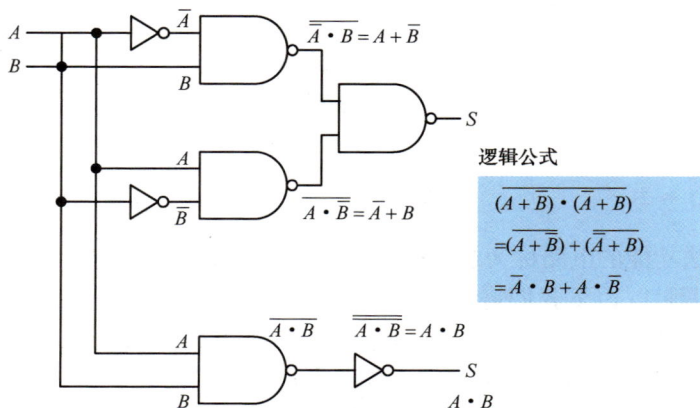

图 5-31　半加法器的构成示例

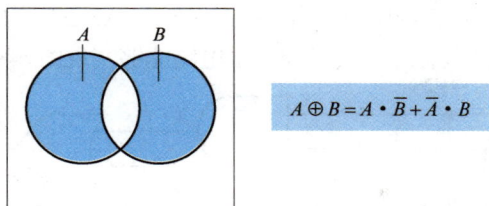

$$A \oplus B = A \cdot \overline{B} + \overline{A} \cdot B$$

图中所示的逻辑公式利用了被称为德·摩根（de Morgan）定理的法则：$(\overline{A+B}) = \overline{A} \cdot \overline{B}$，$(\overline{A \cdot B}) = \overline{A} + \overline{B}$，即逻辑和的否定等于否定的逻辑积，逻辑积的否定等于否定的逻辑和。

图 5-30 的逻辑公式 $S = A \oplus B = A \cdot \overline{B} + \overline{A} \cdot B$ 中的符号（⊕）被称为异或（Exclusive OR，XOR），其逻辑关系如本图所示（是带圆圈的⊕，而不是 +）。

图 5-32　异或运算的维恩图表示

▶ 什么是减法电路

进行减法运算的电路称为减法电路或减法器（Subtractor）。减法器也分为半减法器（Half Subtractor）和全减法器（Full Subtractor）两种，这里将介绍半减法器。

半减法器对于两个输入 X 和 Y，具有从被减数 X 中减去减数 Y，即 X–Y 的功能，其运算结果为差 D（Difference），输出借位 B（Borrow），则对于二值输入的 1 和 0，基于二进制运算规则：

$$0-0=0,\ 0-1=1\ （借位\ 1）,\ 1-0=1,\ 1-1=0$$

可得出

1）当 $X=Y=0$ 时，$D=0$，$B=0$。

2）当 $X=0$、$Y=1$ 时，$D=1$，$B=1$。

3）当 $X=1$、$Y=0$ 时，$D=1$，$B=0$。

4）当 $X=Y=1$ 时，$D=0$，$B=0$。

半减法器的真值表、逻辑公式和逻辑符号如图 5-33 所示。

真值表

输入		输出	
X	Y	D	B
0	0	0	0
0	1	1	1
1	0	1	0
1	1	0	0

逻辑公式

$$D = X \oplus Y = X \cdot \overline{Y} + \overline{X} \cdot Y$$
$$B = \overline{X} \cdot Y$$

逻辑符号

图 5-33　半减法器中的真值表、逻辑公式、逻辑符号

另外，图 5-34 展示了半减法器由 NOT、OR 和 AND 门构成的电路示例，如果跟随各个节点的逻辑公式，你将会发现这个电路能够实现图 5-33 所示的逻辑公式。

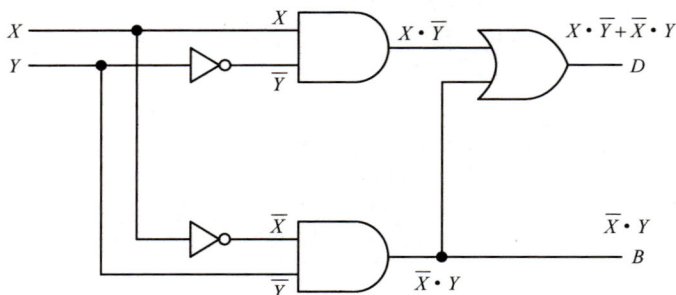

图 5-34　由 NOT、OR、AND 门组成的半减法器电路构成示例

在 19 世纪初，由英国数学家和哲学家艾尔弗雷德·诺思·怀特海和伯特兰·罗素合著的《数学原理》中提到，"无论多么复杂的逻辑，都可以通过 NOT 与 OR，或 NOT 与 AND 的组合来实现"。

关于逻辑运算，这里介绍了最基础的逻辑原理，但通过组合这些原理，半导体（IC）可以在各种电子设备中完成复杂的处理。想想看，这不仅令人惊叹，同时也值得我们感激。在最先进的智能手机中，单个芯片中集成了数十亿个晶体管等元器件。

▶ 全加法器和全减法器

到目前为止，我们已经详细介绍了半加法器和半减法器。在这里，关于包含了从下位的进位 C^+（Carry）的全加法器，以及包含了从上位的借位 B^+（Borrow）的全减法器，图 5-35 展示了其真值表。

全加法器

输入		进位	输出	
A	B	C	S	C^+
0	0	0	0	0
0	0	1	1	0
0	1	0	1	0
0	1	1	0	1
1	0	0	1	0
1	0	1	0	1
1	1	0	0	1
1	1	1	1	1

包含来自低位数字的进位 C^+（Carry）

全减法器

输入			输出	
X	Y	B^-	D	B^+
0	0	0	0	0
0	0	1	1	1
0	1	0	1	1
0	1	1	0	1
1	0	0	1	0
1	0	1	0	0
1	1	0	0	0
1	1	1	1	1

包含来自高位数字的借位 B^+（Borrow）

图 5-35　全加法器和全减法器的真值表

5.11 DRAM 的功能和作用

▶ 存储单元是"交叉点"

DRAM 中存储"1"和"0"两种二进制信息的部分称为存储单元（Memory Cell）部分。存储单元部分有字线（W）和位线 B（或数字线 D）以纵、横方向呈网格状排列，每个交叉点上都放置了存储单元（单位单元）。

存储单元由一个 N 沟道 MOS 晶体管（选择晶体管）和一个电容构成（见图 5-36）。选择晶体管的栅极连接到字线，漏极连接到位线，而与选择晶体管串联的电容的另一端则接地（GND）。

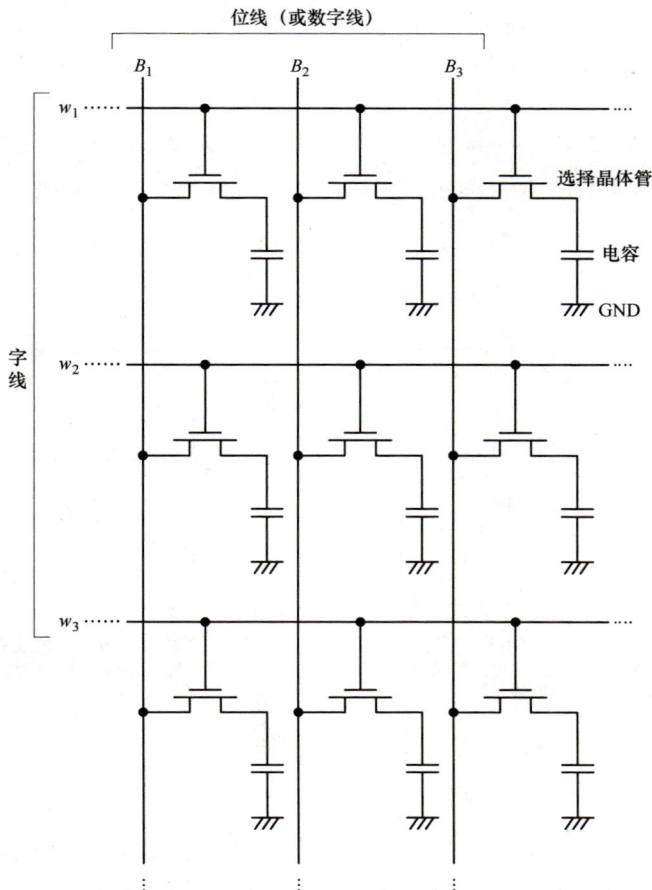

图 5-36 DRAM 存储单元的组成

▶ 向单元写入和读取数据

要向单元写入"1"，需要在提升字线电压的状态下，提高位线电压，通过导通的选择晶体管对电容进行充电。而要写入"0"，则在提升字线电压的状态下，将位线电压置为地（GND），通过导通的选择晶体管对电容进行放电（见图 5-37a）。

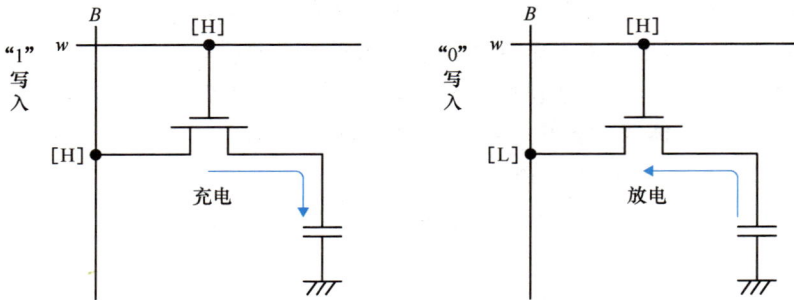

通过选择晶体管，从位线进行电容充电和电荷积累，写入"1"。如果已经写入"1"，则保持不变。

通过选择晶体管，从位线进行电容放电，写入"0"。如果已经写入"0"，则保持不变。

a) 写入操作

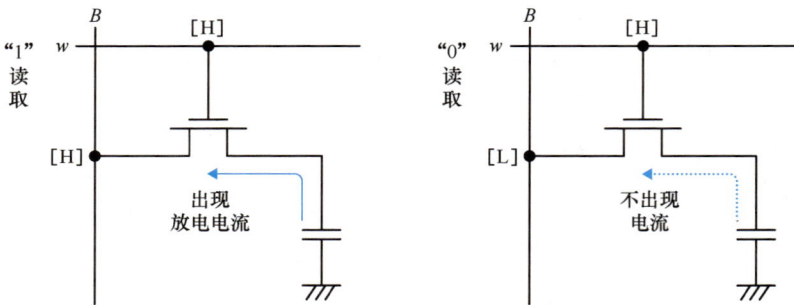

从"1"的单元电容中流出放电电流，瞬时提高位线电位。通过检测电路进行感应，从而判断为"1"。

在"0"的单元中，位线不存在电流，电位保持不变，因此可以判断为"0"。

b) 读取操作

图 5-37　DRAM 的写入与读取操作

要读取已写入的"1"或"0"信息，需要提升字线电压，利用检测电路（传感放大器）检测用于导通的选择晶体管有无流入位线的电荷（见图 5-37b）。

如果电容处于"0"状态，即未充电，则位线电位不会变化；而如果电容处于"1"状态，即已充电，则电荷会流入位线，导致电位发生变化（读取操作）。

由于 DRAM 存在破坏性读取（即读取一次后存储信息会丢失），因此需要进行重新写入操作。此外，电容中存储的电荷会逐渐自然流失，因此为了保持存储，周期性的写入操作是必要的。

5.12　SRAM 的功能和作用

与 DRAM 类似，SRAM 的存储单元部分也以矩阵状排列存储单元（单位单元）。SRAM 的单元结构有多种类型，这里将介绍被称为全 CMOS 型的结构（见图 5-38）。

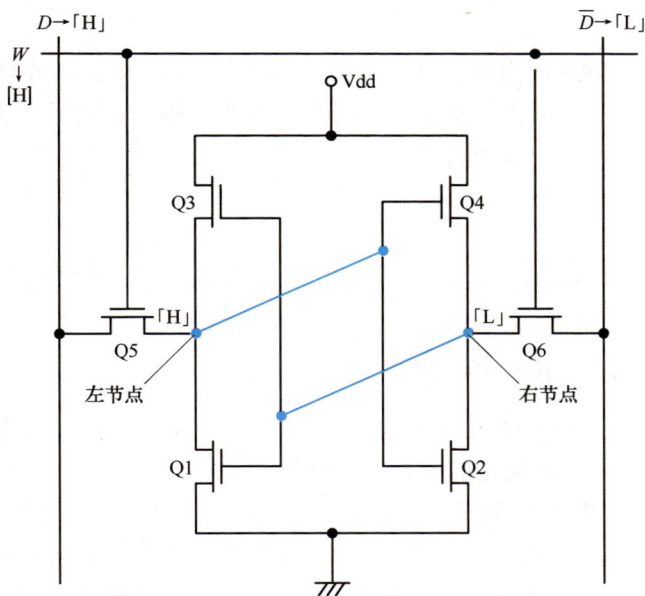

写入　·将字线 W 设置为高［H］，使选择晶体管 Q5 和 Q6 导通（开启），同时将数字线 D 设置为［H］（因此 $\overline{D}$ 为［L］）。这样，Q1 处于截止状态，Q3 处于导通状态。而 Q2 处于导通状态，Q4 处于截止状态，因此左节点被写入［H］即"1"，右节点被写入［L］即"0"。

　　　　·相反，将数字线 D 设置为［L］（$\overline{D}$ 为［H］），同样会使左节点被写入"0"，右节点被写入"1"。

读取　·当将字线 W 设置为［H］并使选择晶体管导通时，可以通过感应检测器检测数字线 D 为［H］且 $\overline{D}$ 为［L］，或者 D 为［L］且 $\overline{D}$ 为［H］的任一状态，从而读取存储内容。

持续存储·将字线 W 设置为［L］，选择晶体管 Q5 和 Q6 处于非导通状态时，左右节点为［H，L］，因此只要电源保持开启，"1，0"数据将保持不变并持续存储。

图 5-38　全 CMOS 型 SRAM 的构成和运行

如图 5-38 所示，SRAM 由一对交错的 CMOS 反相器和用于数据写入与读取的两个传输 N 沟道 MOS 晶体管，共六个晶体管组成。这里，传输晶体管的栅极连接到字线，源极连接到数字线（一个连接到 D，另一个连接到 D 的反相 $\overline{D}$）。

要写入数据，需要提升字线电压（设为"H"，高电平），使传输门开启且导通，并将数字线 D 设为"H"，将相邻的数字线 $\overline{D}$ 设为"L"（低电平）。这样，图中左节点将存储"1"，右节点将存储"0"。相反，如果反转数字线 D 和 $\overline{D}$ 的数据，则左节点将存储"0"，右节点将存储"1"。

写入数据后，如果将字线接地（GND），在电源保持开启的情况下，"1"和"0"的数据将被持续保存。要读取数据，需要提升字线电压以打开传输门，由于被存储状态，即"1"和"0"的左右排列，会在数字线 D 和 $\overline{D}$ 之间产生电位差，用传感放大器（检测电路）进行检测和放大这个电位差。

全 CMOS 型 SRAM 由于每个存储单元使用六个晶体管，导致单元面积比 DRAM 和闪存大，因此高集成度和降低位成本变得困难。然而，由于其写入和读取速度非常快，因此广泛用于与 CPU 直接连接的缓存内存。

5.13　闪存的功能和作用——即使关闭电源也仍保持存储

▶ 即使断电也能保留数据的闪存

相对 DRAM 和 SRAM 等在断电时会丢失存储内容的易失性存储器，闪存（Flash Memory）是一种典型的非易失性存储器。

在闪存的存储单元晶体管具有由多晶硅（Poly-Si）构成的浮动栅极（Floating Gate，FG）嵌入在 N 沟道 MOS 晶体管的栅绝缘膜中的结构。FG 与其他部分电气绝缘，相当于 MOS 晶体管的常规栅极的部分称为控制栅极（Control Gate，CG）（见图 5-39）。

▶ 写入和读取的操作方法

这种被称为堆叠栅极型 MOS 晶体管的存储晶体管的数据写入、消除和读取操作将按照图 5-40 进行说明。

这里所说的堆叠栅极（Stacked Gate）是指"FG 和 CG 被层叠在一起"的意思。

断面模型图

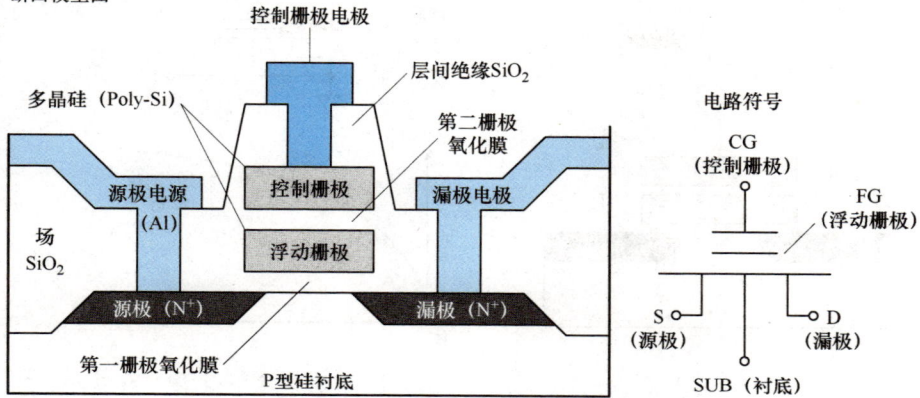

图 5-39　闪存的存储晶体管

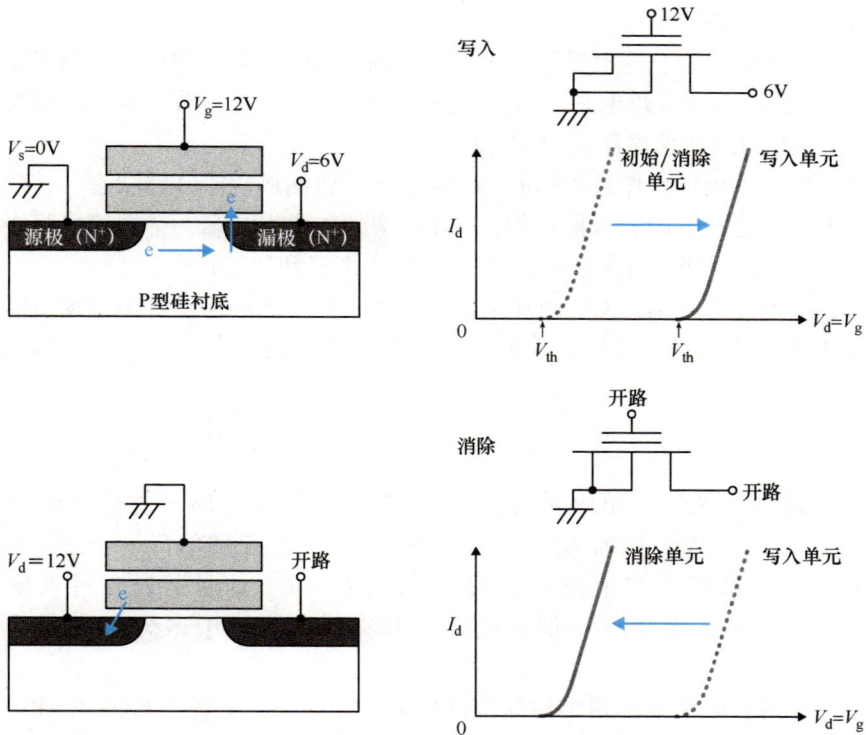

图 5-40　堆叠栅极型 MOS 晶体管的写入、消除与读取

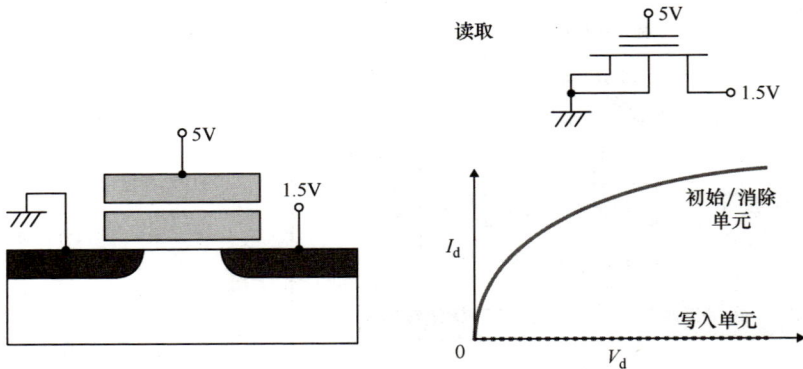

图 5-40　堆叠栅极型 MOS 晶体管的写入、消除与读取（续）

要向这个存储晶体管写入"1"，需要将源极和衬底接地，向漏极和 CG 施加高电压。这样，从源极供应的电子将快速沿硅表面（沟道）向漏极移动，并在漏极附近达到高能态。

这些电子被称为"热电子"（Hot Electron，HE）。部分热电子会越过第一个栅绝缘膜注入 FG 中（热电子注入），使 FG 带上负电荷。这样，从 CG 来看，晶体管的开启电压（阈值电压 V_{th}）将会上升。

另一方面，消除操作是将衬底和 CG 接地，将漏极置于开路状态，并向源极施加高电压。这时，因写入操作而注入 FG 中的电子将在第一个栅绝缘膜中的电场作用下被拉到源极（隧穿现象），将阈值电压恢复到初始状态。

在读取操作中，当向 CG 施加正常电压时，已写入的晶体管由于阈值电压升高而处于截止状态，而已被消除的晶体管则处于导通状态，因此可以辨别其为"1"和"0"。

▶ 近期的闪存

以上是关于 SLC（单级单元），即一个存储单元存储 1 位数据的单元的说明。然而，最近的闪存技术已经采用了 TLC（三级单元），即一个存储单元存储 3 位数据的多值技术，从而实现高集成。这是通过在写入操作中控制注入 FG 中的电子水平使其变化，并在读取操作中区分这些差异来实现的。

此外，闪存的单元阵列结构分为将存储晶体管并联配置的 NOR 型和串联配置的 NAND 型。虽然 NAND 型的操作比 NOR 型更复杂，导致速度较慢，但它具有更高的集成度，因此被广泛用于各种设备的存储。

专栏　　如何解读关于半导体的新闻

世界最大且最强的半导体代工厂台积电在索尼、电装以及日本政府的支持下，在熊本建设 20nm 和 28nm 技术节点的半导体（LSI）制造工厂的消息，引起了日本媒体的广泛关注。

然而，当我们将目光投向全球时，半导体产业正面临着更大、更激烈的变革浪潮。其背后存在中美经贸摩擦的趋势，作为最重要的战略物资，半导体正受到这一波动的直接影响，有必要考虑此状况深入新闻的真相。

例如，在 2021 年 5 月，IBM 成功试制了采用 2nm 节点纳米片技术（GAA MOS 晶体管）的测试芯片，并宣布预计能在 2024 年下半年实现商业化。虽然 IBM 目前并不进行半导体（LSI）的量产，但其技术开发能力享有良好的声誉。

英特尔宣布将在俄亥俄州投资超过 2 万亿日元建立新工厂，并将在现有的亚利桑那州钱德勒投资 2 万亿日元建设两栋新厂房。英特尔计划基于名为 IDM 2.0 的新模型，利用 20A 节点的 Ribbon FET（相当于 2nm 的 GAA）的产线来展开先进半导体的代工业务。台积电在亚利桑那州凤凰城投资 1.3 万亿日元建设 5nm 节点的新工厂，三星电子则计划在得克萨斯州投资 2 万亿日元建设 3nm 节点的工厂。这些计划均在 2024 年下半年至 2025 年同步投入运营，并将获得美国政府提供的 6 万亿日元补贴。

从这一点来看，美国显然正在通过确保其国内的生产工厂来弥补半导体（LSI）产业的缺失部分，同时美国正在用于军事和信息战争的核心领域的半导体上，推进获取技术优势、确保稳定供应链以及本国采购。

在这样激烈变动的围绕着半导体产业的浪潮中，日本需要思考什么、如何行动，以及如何开辟一个充满希望的未来，这些问题都亟待解决。

Chapter6 | 第 6 章

展望未来的半导体与半导体产业

6.1 摩尔定律

▶ 下一个"摩尔定律"

　　1965 年，英特尔的联合创始人戈登·摩尔（Gordon Moore）提出了所谓的"摩尔定律"，即半导体（IC）的高集成化（微细化）会以每 18~24 个月翻一番的速度推进。在此经验法则之下的高集成化趋势，基本上延续到了近 60 年后的今天。

　　按照摩尔定律进步的半导体（IC）技术，目前最先进的 5~3nm（1nm ＝ 10^{-9}m）节点的产品已经出货，并且下一代 2nm 节点技术也已经进入视野（见图 6-1）。

　　所谓的"延续摩尔定律"（More Moore）是指这种高集成化（微细化）的趋势将继续，或者成为指标的这种观点。为此，即使平面的微细化在原理上、技术上、经济上确实接近极限，通过堆叠元件实现 3D 化，以实现更高集成化的方向也包括在内。

　　另一方面，还有一个词叫作"超越摩尔定律"（More than Moore）。这是指在摩尔定律达到极限后，对下一步的半导体（IC）"应该做什么，或者能做什么"的看法。其核心思想是复合化，即是将化合物半导体和其他异质材料与硅半导体（IC）在芯片上进行复合，以实现新功能和高性能的新型半导体（IC）器件芯片。

晶体管/芯片

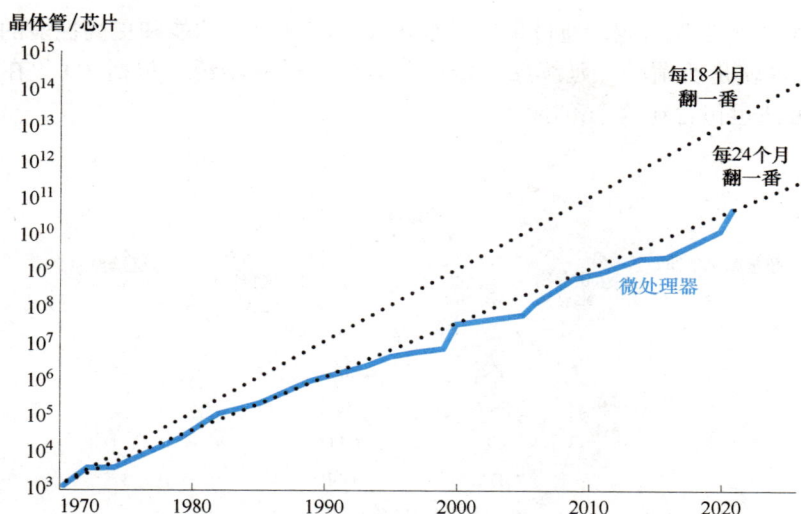

图 6-1   摩尔定律

▶ 从蚊子身上学习信息处理

举个例子，以蚊子的生态机制为例（见图 6-2），蚊子能感知到人体温度，再停留在皮肤上，刺入"针头"吸血，当你试图拍打它时，它会感受到风压，然后飞走。如此复杂的感应和信息处理，以及基于此的迅速而流畅的动作等，展示出令人惊讶的行为能力。这些复杂的信息处理都在它那小小的头脑中完成。由此看来，在半导体（IC）的复合化方面，我们还有很多事情要做。

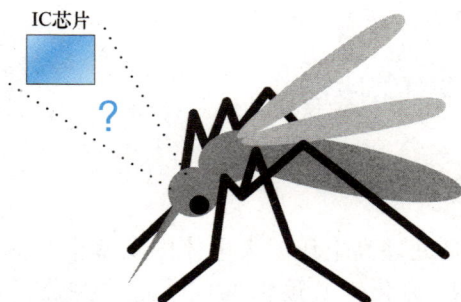

图 6-2   蚊子具有的复杂和迅速的行为

这里提出的"延续摩尔定律"和"超越摩尔定律"的概念在图 6-3 中展示。在中心的硅半导体基板上集成内存、逻辑器件、MPU、GPU、ASIC、SoC、

A-D/D-A 转换器等功能，通过采用微细化技术实现更多功能和更高性能的半导体（LSI），这就是所谓的"延续摩尔定律"方向。进一步说，包括 3D 化在内的高集成化方法也包含在这个范围内。

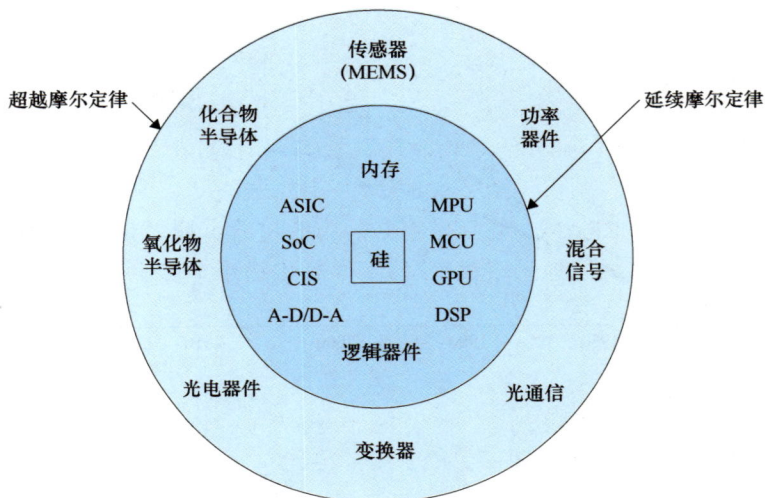

图 6-3　延续摩尔定律和超越摩尔定律的概念图

另一方面，将延续摩尔定律芯片与不同的材料和功能，如传感器、变换器、功率器件、混合信号、光通信、光电器件、化合物半导体、氧化物半导体等集成在一起，以实现具有新功能的 LSI，这就是所谓的"超越摩尔定律"方向。

6.2　新材料、新结构晶体管

▶ 开发"快速且便宜的新材料"

在半导体，特别是处理高电压、大电流的功率半导体领域，化合物半导体 SiC（碳化硅）和 GaN（氮化镓）逐渐取代了过去主流的硅基 IGBT（Insulated Gate Bipolar Transistor，绝缘栅双极型晶体管），并正在普及。这些半导体材料被称为宽禁带半导体，相比于硅具有较高的饱和漂移速度、高耐热性、高耐压、低损耗、较快的开关速度，以及设备小型化等优点。

在新材料中，最近备受关注的是一种名为氧化镓（Ga_2O_3）的氧化物半导体，被期待成为继 SiC 和 GaN 之后的下一代材料。Ga_2O_3 具有比 SiC 和 GaN 更大的禁带宽度，性能更为优越。此外，它能够比 SiC 和 GaN 更快地生长单晶基板，因此有可能大幅降低价格。

此外，作为对 MOS 晶体管新材料导入的研究之一，为了克服微细化带来的性能下降的权衡，推动高性能化，已经在研究使用单层过渡金属二硫属化物（化学式 MX_2）的原子层通道（Atomic Channel）。其中，MX_2 中的 M 代表钼或钨等过渡金属，X 代表硫、硒、碲等第 16 族元素中的硫属元素。

此外，作为同时具有 DRAM 和闪存两种特性的通用存储器（万能存储器），STT-MRAM（自旋注入磁化反转型 MRAM）用的磁性材料，PCRAM（相变存储器）用的硫属玻璃，RRAM（阻变存储器）用的过渡金属氧化物，OS 内存用的 IZO、IGZO（铟镓锌氧化物）以及 IGZTO 等氧化物半导体也在被积极研发，其中一些已经应用于产品中。

▶ 向新结构的 GAA 型晶体管发展

MOS 晶体管的结构最初从平面型开始，经历了一步步的微细化，现在已经发展到了 FinFET 结构。对于接下来的 2nm 及以后的技术节点，领先公司如台积电和英特尔正在开发采用 GAA（Gate All Around，环栅）纳米片堆叠结构的技术，英特尔称之为 RibbonFET。相比之下，三星电子则较早从 3nm 节点开始采用其称为 MBCFET（Multi Bridge Channel FET，多桥沟道场效应晶体管）的 GAA 结构晶体管（见图 6-4）。

此外，IMEC（位于比利时的半导体工艺领域的联合研究机构）拥有叉片结构的 MOS 晶体管对（N 沟道和 P 沟道）的结构，并称其为 1.4nm 节点及以后的终极逻辑 CMOS 器件（见图 6-5）。

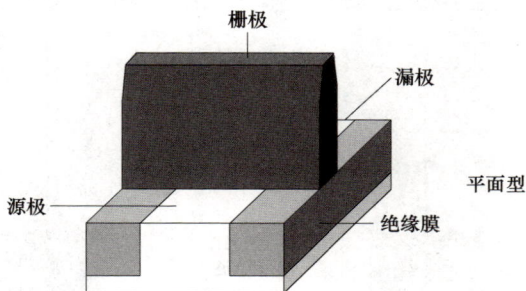

图 6-4　MOS 晶体管结构的演变

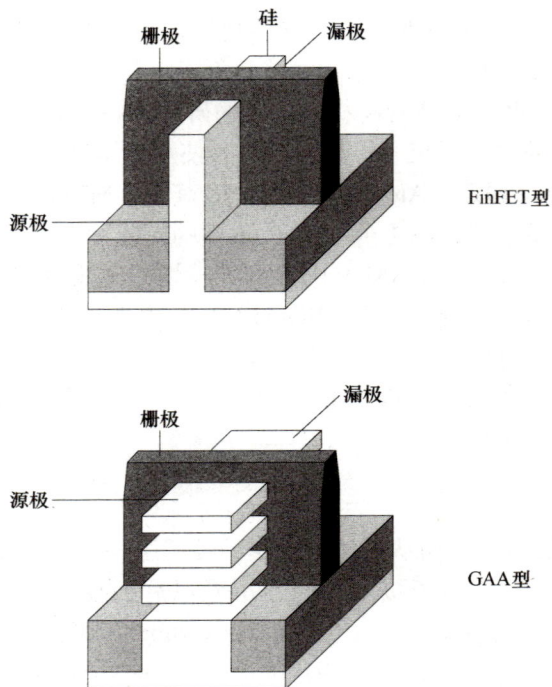

图 6-4 MOS 晶体管结构的演变（续）

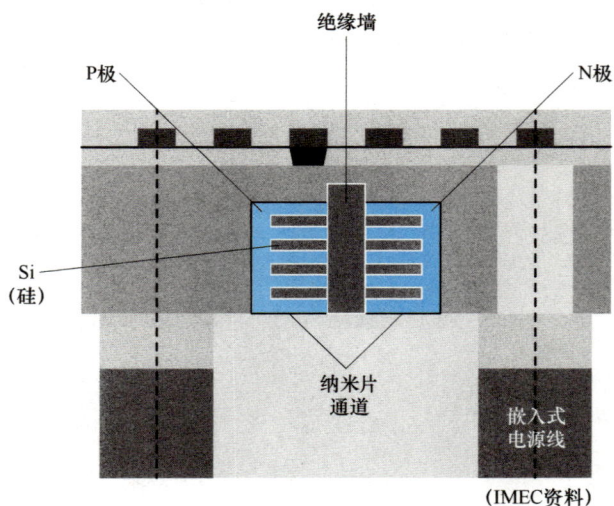

图 6-5 叉片型 CMOS 结构

6.3　具有右脑功能的神经形态芯片

▶ 冯·诺依曼瓶颈

　　传统的冯·诺依曼型计算机由于运算和存储分离，导致两者之间的信息传输成了制约高速化和高性能化的瓶颈，即所谓的"冯·诺依曼瓶颈"。为了解决这个问题，并实现与人脑相媲美的 AI（人工智能）解决方案，基于全新原理的 AI 芯片正在研发中。这些芯片被称为"脑型芯片（神经形态芯片）"，正如其名称所示，它是具有模仿神经元的硬件结构的芯片。

　　顺便提一下，人类的大脑在拳头大小的空间中拥有约 2000 亿个神经细胞和数百兆个突触，同一个细胞既负责记忆保持，也进行运算处理。

　　目前提出的 AI 芯片模仿了大脑神经网络的结构和功能，但只不过是在冯·诺依曼型计算机上，通过软件实现这一功能。

　　相比之下，脑型芯片旨在将运算部分和存储部分一体化，而不是分开，以重现神经网络的硬件结构。

　　脑型芯片是非冯·诺依曼型，缺乏通用性，不能进行逻辑运算。因此，通常认为通过将冯·诺依曼型芯片分配为左脑角色，将脑型芯片分配为右脑角色，并将两者连接起来，即可以实现综合性的 AI（见图 6-6）。

　　接下来，让我们看看一些实际开发的脑型芯片。

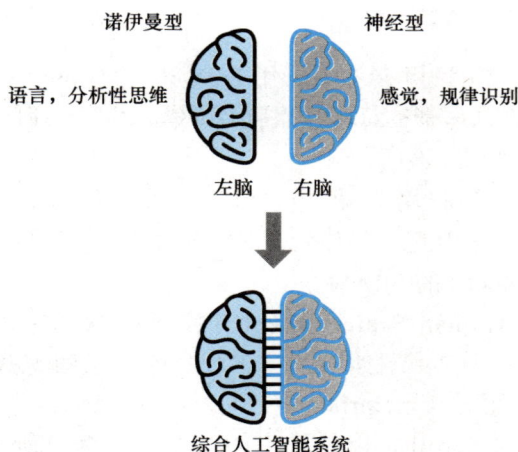

图 6-6　右脑型神经形态芯片

▶ IBM "TrueNorth"

这是一款可以称为脑型芯片的先驱，包含 54 亿个晶体管、100 万个神经元和 2 亿 5600 万个突触，采用 28nm 工艺制造，面积为 4.3cm² （见图 6-7）。

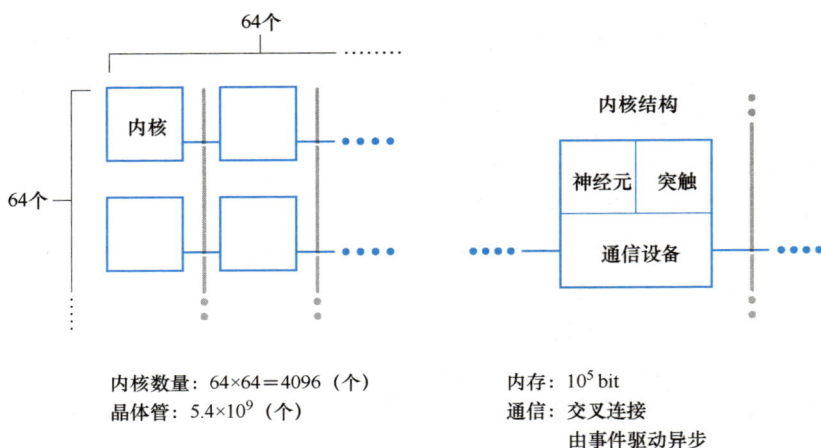

图 6-7　IBM TrueNorth 的内部结构

TrueNorth 被认为与昆虫大脑的规模相当，但它能够以 70~200mW 的功耗实现每秒 46 亿次突触活动的模拟。与英伟达的 GPU（功耗数百瓦）和谷歌的 TPU（功耗 40W）相比，它的能耗效率显著突出。

▶ 英特尔和台积电的 AI 芯片

英特尔的 Loihi2（罗伊赫 2）采用 EUV 工艺（4nm 节点），芯片面积为 31mm²，包含 23 亿个晶体管，每个芯片最多可集成 6 个处理器、100 万个神经元，以及 1.2 亿个突触（见图 6-8）。

Cerebras 的 WSE-2 采用台积电 7nm 工艺，晶圆尺寸极其巨大，为 46.225mm²，集成了 2.6 万亿个晶体管，是一款用于深度学习的芯片。它配备了 85 万个计算核心和 40GB 的 SRAM。

此外，欧洲的 Human Brain Project 开发了一款基于模拟电路的神经计算芯片，该芯片在一片晶圆上集成了 20 万个神经元和 5000 万个突触。惠普和犹他大学使用忆阻器（memristor）开发了 ISAAC 芯片。还有 Brain Chip 的 SNAP64、高通的 Zeroth，以及日本的产业技术综合研究所等也在积极开发中。

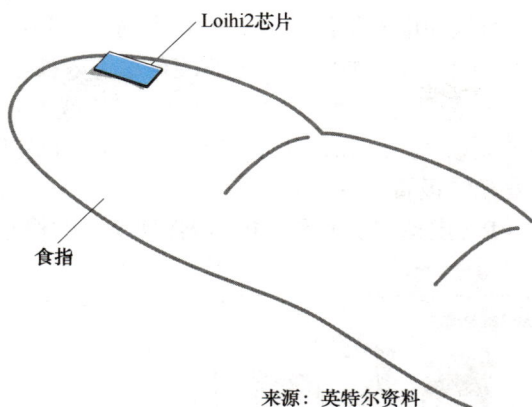

来源：英特尔资料

图 6-8　英特尔的 Loihi2 芯片

6.4　融合现实空间和元宇宙的半导体——是互联网的进化吗

▶ 超越宇宙？

元宇宙（Metaverse）是由表示"超越"的"Meta"和表示"宇宙"的"Universe"两个词组合而成的造词，指的是在网络中构建的虚拟空间及其各种服务。元宇宙可以被视为互联网的进化形式，通过虚拟形象，人们可以在其中进行交流、工作和娱乐的一个类似于现实世界的虚拟世界（见图 6-9）。

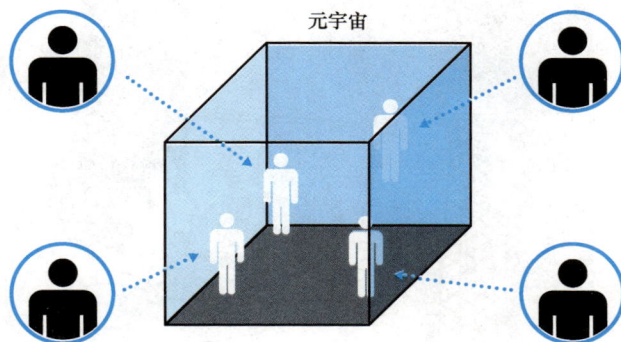

图 6-9　元宇宙的概念

这种概念本身在 20 世纪 60 年代就已经存在，但最近由于各种相关技术的进步，它逐渐变得现实可行。在元宇宙中，由于要在头戴式显示器或智能眼镜与网络之间进行实时双向通信和虚拟仿真，因此需要更高效的核心处理器、更高速的大容量数据传输网络，以及高精细度和高密度的显示器等技术支持。

　　要满足这些要求，需要更先进的半导体器件、5G 或 B5G（Beyond 5G）通信网络以及新的显示技术。例如，更高性能的 CPU 和 GPU、超高分辨率的 Micro OLED（有机发光二极管）等。

　　图 6-10 展示了 VR（虚拟现实）和 AR（增强现实）的概念。

VR（虚拟现实）

AR（增强现实）

图 6-10　VR 和 AR 的概念

6.5　3D 化和光布线

近年来，半导体的 3D 化引起了广泛关注。所谓的 3D 化，包括将多个芯片堆叠并通过键合引线（Bonding Wire）进行连接，以提高表面封装面积的 MCP（Multi Chip Package，多芯片封装）等，这种半导体制造过程的"后道工序"3D 化已经得到了广泛的应用（见图 6-11）。

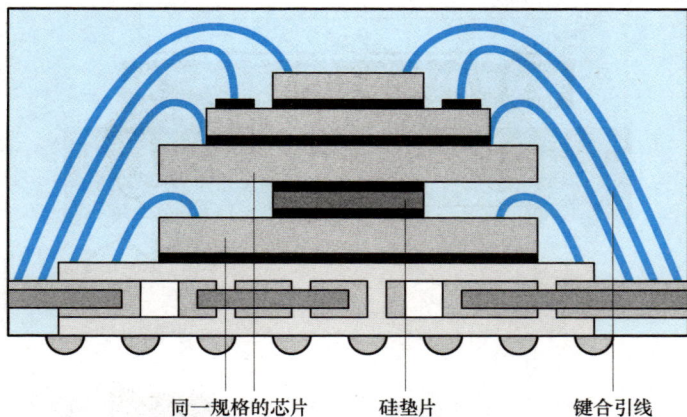

同一规格的芯片　　硅垫片　　键合引线

图 6-11　多芯片封装（MCP）

▶ 3D 结构半导体

然而，这里所说的 3D 化与前述的有所不同。它指的是将半导体制造的"前道工序"中采用的技术或工艺应用到后道工序，换句话说，通过将前道工序和后道工序融合，实现的"3D 结构半导体"技术和方法。

因为我们生活在 3D 的世界中，将以前 2D 展开的半导体（IC）实现 3D 化，从概念上来看是非常自然的，并不算新颖。实际上，3D 化的目的是为了实现新功能、提高性能和可靠性、降低成本等优势，也意味着相关技术已进步，已到达实现这个目标的阶段了。

相关技术包括贯穿芯片上下面的 TSV（Through Silicon Via，硅通孔）、微型凸点（Micro Bump）、微细图案硅中介层（Silicon Interposer）等。

▶ 3D 技术——均质化

半导体（IC）的 3D 封装技术分为均质化（Homogeneous）类型和异质化

（Heterogeneous）类型。

　　均质化是指将与硅基板上制造的半导体相同的半导体进行堆叠。例如，NAND 闪存已实现了超过 200 层的堆叠结构，英特尔的 3D 堆叠技术 Foveros（见图 6-12）和台积电的 SoIC（Systems on Integrated Chips，系统级集成芯片）堆叠技术（见图 6-13）则在 CPU 上堆叠 DRAM，在提高集成度的同时减少发热，成功实现了 12 个芯片的堆叠。

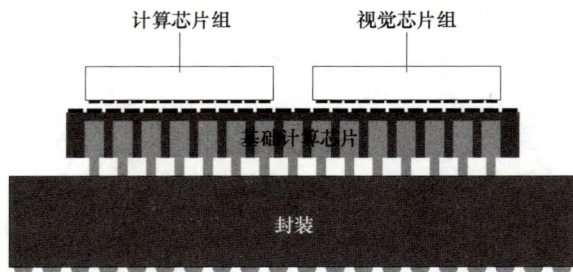

来源：英特尔资料

图 6-12　Foveros 堆叠

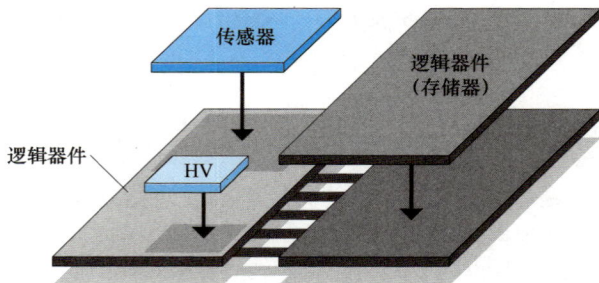

来源：台积电资料

图 6-13　台积电的 SoIC 堆叠

　　这些技术属于 3D 化中较接近延续摩尔定律的方法，其目的在于实现更高的集成度、更高的性能和更低的发热。

▶ 3D 技术——异质化

　　另一方面，异质化（Heterogeneous）指的是在硅基板上制造的半导体上堆叠不同材料（例如，化合物半导体或氧化物半导体）制造的具有不同功能的器件，

第 6 章　　　161
展望未来的半导体与半导体产业

这是一种类似于超越摩尔定律的方法。

索尼正在开发一种在信号处理 IC 上堆叠像素晶体管，并在其上进一步堆叠光电二极管的堆叠 CMOS 图像传感器，这可以说是一种介于均质化和异质化之间的中间方法。

另外，3D 化的另一种方法是单片化（Monolithic），即在半导体的前道工序基础上延续的 3D 化方法。例如，在硅半导体上沉积化合物半导体层或氧化物半导体层，然后在这些层上制造具有特殊性质的器件，从而形成一个整体的复合器件。这种方法在超高分辨率显示设备，如 AR/VR 头戴式设备或智能眼镜中尤其有效。

光布线技术可以说与 3D 技术类似。使用比电子传输更快的光来作为信息传输手段，要想到这一点不难。通过使用光布线，可以减少相较于传统金属布线的信号延迟，从而实现设备的高速运行。

光布线的实际应用将会扩展到电子设备之间、设备内部、半导体芯片之间以及半导体内部布线。然而，为了实现这一目标，还需要等待光技术与电子技术融合的光电子学的进一步发展。

为了推动光电子学的发展，必须实现硅半导体技术与光器件的有效融合。光的应用领域包括光通信，以及图 6-14 中展示的各种光应用设备。

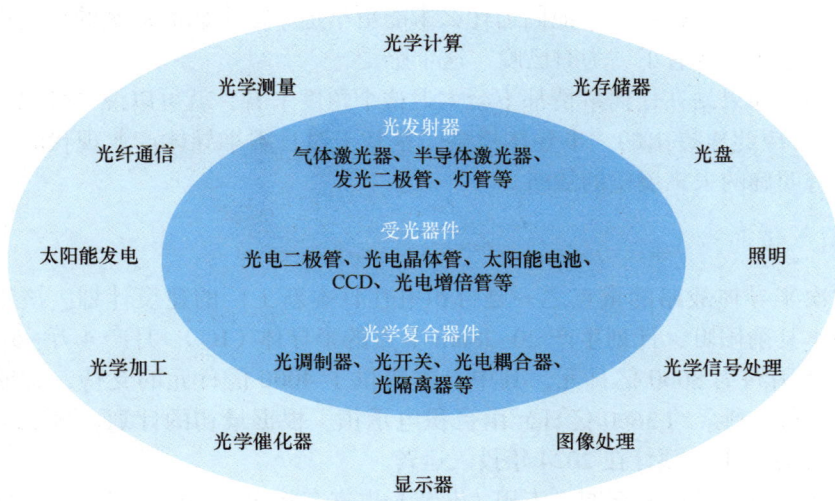

图 6-14　光应用设备和应用领域

这些设备及其进化后的设备将与高度进化的各种硅器件和像芯粒（Chiplet）等创新技术相结合，实现复合化，推动超越摩尔定律的新应用领域和产品的开发与实际应用。

6.6　展望日本半导体产业的未来

▶ 两个第一印象

2021 年 6 月，日本政府公布了《半导体和数字产业战略》。其中，《半导体战略（概要）》根据专家的交流意见，从半导体相关的基本认知出发，阐述了应对未来的日本产业基础的强化和经济安全保障上的国际战略。

且不谈其内容，我的第一印象是"为时已晚"，但也同时觉得"任何事情都不会太迟"。

如第 1 章所提到的，日本的半导体制造商曾是世界第一，在 20 世纪 80 年代末占据了全球市场的 50%。然而，如今全球市场份额已经降至 6%。这种经历在我心中留下了深刻的印象。日本政府因为抱有 1986 年日美半导体协定留下的创伤，过于担忧美国政府的反应，未能提出大胆且大规模的支持措施。

在这段时间里，韩国和中国通过政府的大力支持，加上在半导体领域中拥有杰出的公司管理者，而实现了目前的成果。这是一个毫无疑问的事实。日本的半导体制造商，包括政府，他们为什么未能更早地采取大胆而彻底的措施进行复兴，这种想法使我有了"为时已晚"这个感受。

然而，如果站在任何事情都不会太迟这个角度来看，就可以说"采取行动是关键"。希望此次提出的"半导体战略"是基于对日本半导体产业现状的危机意识，并有明确的未来展望的战略。

▶ 对引入过时技术的担忧

此次半导体战略的重点之一是台积电在日本新工厂的建设计划。该工厂将位于熊本县菊阳町，计划生产 20~28nm 节点的半导体（IC），月产 4 万 ~5 万片。总建设费用约为 8000 亿日元，其中日本提供了 4000 亿日元的支持，索尼出资 470 亿日元，剩余约 3600 亿日元由台积电承担。根据最初的计划，该工厂将于 2022 年 4 月开工，预计在 2024 年投入运营。

然而，根据最近的新闻，丰田（电装）也宣布将出资 400 亿日元，计划涉足 10nm 节点。新合资公司的总投资额已经增加到 9800 亿日元。

这一变化的原因之一可能是，尽管当前的主流是 20~28nm 节点，但与最先进的 5nm 节点相比，这些技术实际上已经落后了四代（十多年前开发的技术）。

一些人对于这种"陈旧"技术的负面反应可能促使了这种调整。在我看来，这也反映了此次新工厂建设引进计划的不稳定性，不知道是否只有我有这种感觉。

关于这一问题，可以大致分为支持派和质疑派。以下是代表性的两派意见。

▶ 支持派和质疑派的意见

支持派的意见总结如下。

新工厂生产的产品将优先供应给日本制造商（虽然尚不明确是否存在这样的合同）。能够缓解从海外采购半导体所面临的地缘政治风险和价格上涨的风险。有助于应对半导体供应链的混乱，确保经济安全（半导体安全保障），促进日本未来半导体产业的发展。

对此，质疑派怎么看呢？

在现在这个时代，对于在日本建设 20~28nm 节点的新工厂这件事本身就存在疑问。诚然，使用老旧技术生产的半导体对于车载用途和图像传感器是足够的，但为了特定制造商而投入大量税金是否合适呢？即使是为了完善供应链，封装也不得不依赖海外的 OSAT（外包半导体封装和测试）公司。

▶ 我的观点

此次台积电在日本建厂的重要意义在于，将其视为重振日本半导体产业的催化剂或触发点，拥有明确的长期愿景，并制定以强有力的决断力和执行力为后盾的未来战略。

美国等国家将资源投入到高附加值的先进技术产品中，而日本却承担起低附加值的大量生产区间，这种模式必须避免。绝不能让日本在半导体产业中沦为二流国家。

虽然"量产区间"听起来不错，但随着时间的推移，它会变成"利基市场"。

还有一点，我对微细化（摩尔定律）的技术表示担忧，那就是在日本尚未应用的最先进的 EUV 光刻技术。日本制造商需要尽快掌握这一技术，而为此必须制造 7nm 以下的节点产品。因为这一点，对于此次建设的新工厂（20~28nm），我无法完全支持。

▶ 对全面战略的疑问

不仅在制造方面，整个半导体产业需要面对的挑战还有很多。在之前提到的《半导体战略（概要）》中，列出了未来的主要举措和政策。

● 微细化工艺技术开发项目（延续摩尔定律）。

- 3D 化工艺技术开发项目（超越摩尔定律）。
- 先进逻辑半导体量产工厂的日本布局。
- 产业技术综合研究所"先进半导体制造技术联盟"。
- TIA "半导体开放创新基地"。
- 半导体制造设备及材料等的前沿研究。

在本书中不会详细讨论这些具体内容，但会根据我的经验，阐述基本的思路和立场。在需要挑战的项目中，应避免全面发展，而是应优先考虑那些对日本半导体复兴具有较高可能性的项目，集中资源投入。

基于过去项目的经验和反思，公正、严格地实施计划的中期评估，并根据需要进行调整或方向转变，建立能够迅速做出强有力判断和决策的体制。努力挖掘、培养和优待具有独特才能的人才。不仅依赖所谓的专家或权威，还需听取广大的专家和从事实际工作的人的意见，并加以反映。

以下列出了一些我的个人见解作为具体的例子。这些例子仅限于技术方面。

- 在日本有一定优势的领域，如引入新材料的新型存储器、功率半导体、光电半导体等，应力争在全球范围内率先推出业界标准产品。
- 在全球市场上表现出色的日本制造设备行业和材料行业，要保持警觉，不得自负，必须具备甩开后来竞争者的决心。为此，政府也应提供全方位的支持。
- 摒弃日本在 3D 化实施技术或单片化技术方面领先的幻想，努力进行基础技术开发，并尽快推进产品化（不要重蹈 EUV 光刻的覆辙）。
- 包括电子设备制造商和 IT 制造商在内，日本的产学研各界应共同致力于基于半导体（IC）的新应用开发。为此，需要吸纳人们潜在或逐渐显现的需求，并将其转化为具体的产品，这需要富有创意的思维。
- 努力挖掘、培养和优待具有丰富才能的人才，使行业成为一个能让人感到工作有成就感的领域。
- 注意密切关注可能改变半导体范式的技术趋势，如芯粒等，确保不落后（见图 6-15）。

在这些基础上，最重要的是，必须有坚定的决心，确保日本半导体产业不会消失，也不会甘于长期作为二流国家。除此之外，相信能够实现复兴这种自觉自信是尤为重要的一点。

▶ 日本半导体产业的最新动态

在本书撰写的最后阶段，日本半导体产业出现了新的动向，因此我想最后简单提一下这一点。

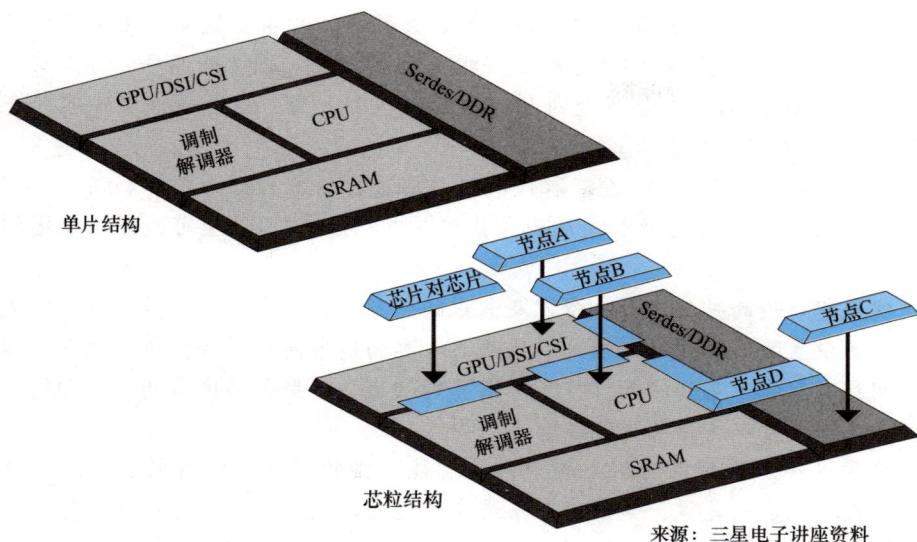

来源：三星电子讲座资料

图 6-15　芯粒的例子

2022 年 12 月 23 日，日本政府提出了以复兴日本半导体产业为目标的基本战略构想，并公布了将 Rapidus（下一代半导体量产新公司）与 LSTC（技术研究联盟最先进半导体技术中心）结合的计划。

其中，Rapidus（拉丁语意为"迅速"）在同年 11 月 11 日已宣布成立新公司，并获得日本政府 700 亿日元的支持，由日本 8 家公司（铠侠、索尼、软银、电装、丰田、NEC、NTT、三菱 UFJ 银行）出资，计划在未来 5 年内建立面向超级计算机、自动驾驶汽车、人工智能等应用的 2nm 工艺节点逻辑半导体制造基地。

该计划还宣布将与美国 IBM 以及欧洲 IMEC（总部位于比利时）进行合作。

为了复兴过去 30 年来一直衰退的日本半导体产业，提出了大规模的构想，尽管"终于""总算"看到了这一步，但这无疑是一件值得高兴的事情。接下来，希望这不会成为空谈，也不损害日本的自主性和自立性，同时希望能够在全球半导体产业中占据稳固的位置，并促进日本产业界和国民生活的提升。

此次构想可以说是日本半导体产业复兴的"最后机会"，因此需要在此认识基础上，进行人才培养和保障，并采取时机适当的有效战略和行动。

专栏　AI 有智能、有感情吗

"奇点"（Singularity）是指"人工智能超越人类智能的技术性特异点"。美国未来学家雷·库兹韦尔曾将这一时点设定为 2045 年，这引起了广泛关注。

　　其背景是 2010 年代深度学习的发展和大数据的积累。随着使用深度学习的 AI（人工智能）接连战胜国际象棋、将棋（日本象棋）、围棋的高手，逐渐让人们容易想象，AI 将来可能会渗透到人们生活的各个方面。这也让许多人不禁产生"接下来会发生什么呢？"这种想法。

　　还有人担心，如果 AI 逐渐取代人类以前进行的各种智力工作和任务，那么随着时间的推移，AI 可能会发展出"意识"或"情感"，甚至可能发生试图排斥人类的情况。

　　这里想讨论的是智能和生命以及意识的问题。哲学家约翰·萨尔在"中文房间"实验中主张，即使外部输入的响应与人类的适当回应无法区分，这也不能说明房间具有智能。另一方面，艾伦·图灵则认为，如果无法区分两者，即通过图灵测试，那么可以认为系统具备智能。

　　关于这一点，我认为这里所说的"智能"指的不是针对对象实体，而是其功能的表现。也就是说，如果某个系统在功能上不逊色于人类，那么称其为"智能"是没有问题的。然而，这并不意味着具有智能功能的实体（硬件）就等同于具有智能的存在。我认为，要使具有智能功能的实体成为真正的智能存在，它必须具备生命及随之而来的意识。因此，在 AI 成为具备实体的智能存在之前，它必须具备生命。在实现这一点之前，我认为无须担心 AI 会拥有意识或情感。

附录 A　半导体术语解释

Aligner	晶圆校准器 步进式，仅移动晶片平台
Application processor	应用处理器 智能手机和平板电脑中使用的微处理器
Bonding	键合 芯片上的接合垫通过细线（如金线）与外壳（封装）的引线进行电气连接
Burn-in	老化 对集成电路施加电压（偏置偏压）并升高温度的加速可靠性测试
Carbon neutral	碳中和 通过平衡地球上的温室气体，即平衡排放和吸收／清除，防止二氧化碳、甲烷等温室气体的增加
Carrier gas	载气 不参与化学反应，但用于输送活性气体或惰性气氛，如 N_2、Ar
Chip	芯片 在一块薄薄的方形硅片上内置集成电路，称为集成电路芯片或简称芯片，芯片也叫芯片模组或芯片颗粒
Chiplet	芯粒或小芯片 将多个内核（如 CPU 和 GPU）分别制作成内核单元，然后像乐高积木一样将它们组合在一起，从而将半导体（集成电路）制作成单个组件的方法
Cleaning gas	清洁气体 用于清洁腔室内部，如沉积设备。气体有 NF_3、C_2F_6 和 COF_2 等

（续）

Cleaning rinsing drying	清洗、漂洗和干燥 当一道工序处理完毕并进行下一道工序处理时，通过使用化学品清洗、超纯水冲洗等方法去除颗粒、微量金属杂质、微量有机物质等，并通过干燥去除冲洗液，从而对表面进行清洗。也可采用气体清洗，在这种情况下称为干洗，而化学清洗也称为湿洗
Cloud computing	云计算 通过互联网或其他方式将计算机作为服务资源提供的一种形式
Co processor	辅助处理器 辅助或替代某些处理过程的处理器，而中央处理器则是计算机系统中起主要作用的通用处理器
Coater	涂胶机 在晶圆的各种薄膜上旋涂光刻胶薄膜的设备
Compound semiconductor	化合物半导体 由两种或两种以上元素构成的一类化合物半导体。如光电子学中常用的GaAs、AlGaAs、InP、InGaAsP、ZnSe、GaN 等
Design house	芯片设计公司 专门为其他公司进行半导体产品合同设计的公司
Develop	显影 当光刻胶在光照射下发生化学反应，并在显影液中曝光时，其性质与未曝光区域的性质不同，图案就形成了。曝光后容易溶解在显影液中的光刻胶称为正型光刻胶，而不容易溶解的光刻胶称为负型光刻胶
Dicing	划片 划片（也称切割）是将晶圆切割成单个集成电路芯片的过程。晶圆上的单个芯片用金刚石锯沿着芯片周围的划线切割，这种设备称为切割机
Discrete	分立器件
Drone	无人机 无人驾驶飞行器
Dry etching	干法刻蚀 反应气体、离子或自由基与待处理的薄膜材料发生化学反应，产生挥发性产物，从而部分（未被光刻胶覆盖的区域）或完全去除薄膜
Drying	干燥 旋转干燥、IPA 干燥
Epitaxial wafer	外延片 在基片上外延生长单晶硅薄膜的衬底
Fabless	无晶圆厂模式公司 不生产半导体器件的公司，即没有制造设施，专门从事设计，将生产外包给代工厂。字面意思是"没有生产线的公司"

（续）

Fab-light	轻晶圆厂模式公司 一家拥有最基本的半导体生产线，但将大部分生产外包给代工厂的公司
Foundry	晶圆代工模式公司 制造半导体芯片的工厂，即承担半导体制造前端工序并以合同方式生产的公司
Image sensor	图像传感器
Incoming inspection	进货检验 检查产品的最终电气特性和外观
Ion implantation	离子注入 导电杂质离子通过电场加速后轰击半导体，形成导电杂质掺杂区
Laser trimmer	激光微调器 激光修剪具有冗余功能的器件（如 DRAM）的熔丝，实现使用器件冗余的额外部分替换损坏部分，使其从外部完全正常运行
Lithography	光刻 使用光刻系统将光刻掩模图形成像到晶圆表面薄膜所涂覆的光刻胶上
Marking	打标 在包装表面印上产品名称、生产公司名称、生产批次名称和生产历史
Mask	掩模（掩模版、光罩） 光刻胶有一部分允许用于曝光的光通过，另一部分不允许通过，用作掩模，通过此将所需图案刻录到光刻胶上。图案的大小是实际图案的 4~5 倍，曝光时图案的大小会缩小到 1/4~1/5
Memory	存储器 用于存储信息并可根据需要检索和使用的器件
Mount	贴装 芯片安装（连接）在外壳（封装）上，这种装置被称为贴片机
Non-volatile	非易失性 即使关闭电源也能继续存储信息的特性
Oxidation gas	氧化气体 用于氧化的气体，O_2、O_2+H_2、O_2+H_2O 等
Oxide semiconductor	氧化物半导体 氧化物半导体，包括 ZnO、ITO、IGZO
Packaging	封装 将芯片封装在不同材料和形状的包装（盒）中
Photo resist	光刻胶 光刻制造技术中使用的一种液体，通过光引起的化学反应进行制版。由感光材料、基础树脂和溶剂组成。分为正型和负型两种：正型光刻胶是将受光区域溶解并去除，负型光刻胶是将未受光区域溶解并去除

（续）

Photomask	光掩模 石英等透明底板上的遮光模图案。最近的步进式光刻机和扫描式光刻机使用的掩模也称为光罩，因为绘制的图案比实际转移到晶圆上的图案大4~5倍
Plating	电镀 在前道工艺中，电解电镀用于生长相对较厚的铜膜
Power semiconductor	功率半导体 应用在处理高电压和大电流的电力设备中的半导体器件
Prober	探针台 探针台上装有探针，用于探测半导体基板上单个集成电路的电极焊盘排列，以及控制这些探针的装置
Reliability test	可靠性试验 在温度、电压等条件下进行加速测试，以确保产品的可靠性
Remover	清洗剂 用于去除多余光刻胶的化学溶液
Rinse	冲洗 使用超纯水冲洗残留液体
Scanner	步进扫描投影式光刻机（扫描式光刻机） 具有步进和重复功能的步进器，可在网罩和晶圆台上使用。由于可以使用透镜畸变较小的部分，因此可以获得更宽的曝光区域；自 KrF 准分子激光器问世以来，扫描式光刻机已得到广泛应用
Semiconductor laser	半导体激光器 基于半导体中电子 - 空穴重组发射的激光器
Silicon on insulator	绝缘体上硅 附着在 Si+SiO$_2$ 上的单晶硅薄层组成的衬底
Silicon prime wafer	硅原片 通过对拉伸生长的单晶硅晶锭进行切片和抛光而制成的薄圆盘状衬底
Silicon wafer	硅晶圆 单晶硅薄片，直径包括 300mm 和 450mm
Slurry	抛光液（研磨液） 将研磨材料分散在化学品中的胶体溶液，用于 CMP 研磨机的抛光
Smart glass	智能眼镜 除了眼前看到的现实之外，还能显示虚拟现实额外信息的眼镜
Sorting inspection	分拣检查 根据产品标准判断（分类）器件的好坏，并检查各种电气特性和外观

（续）

Sputtering	溅射 沉积薄膜的方法是用氩原子高速轰击目标（沉积材料的圆盘），使反冲的组成原子附着在目标上。与 CVD（化学气相沉积）相对的一种 PVD（物理气相沉积）；PVD 还包括蒸发和离子镀
Sputtering target	溅射靶材 一种被加工成圆盘状的材料，用于通过溅射法生长薄膜，氩气高速轰击圆盘，通过反冲力喷射出的材料颗粒附着在圆盘上形成薄膜
Stepper	步进投影式光刻机（步进式光刻机） 步进和重复操作将掩模图案的尺寸缩小到 1/4~1/5，然后投射到光刻胶上进行刻录。要刻录更精细的图案，需要波长更短的光，因此要使用 g 线（436nm）、i 线（365nm）、KrF 准分子激光（248nm）、ArF 准分子激光（193nm）、ArF 浸透（物镜和光刻胶之间的折射率为 1.44 的水）等光源。也可使用多次曝光进行精细图案化
Super resolution	超分辨率技术 通过相移、OPC（光学邻近校正）等方法，以提高曝光时的分辨率
Tester	测试仪 通过与器件交换电信号来测量器件运行（功能和性能）的设备
Thermal diffusion	热扩散 将硅片置于高温下的导电型杂质气体中，利用热扩散现象添加导电型杂质
Thermal furnace	热处理炉 用于加热（高温）的炉子
Thermal oxidation	热氧化 高温下的晶圆暴露在氧化气体中，硅（Si）和氧气（O_2）发生化学反应，形成二氧化硅薄膜。$Si+O_2 \rightarrow SiO_2$
Thin film	薄膜 使用的薄膜包括绝缘薄膜 SiO_2、$SiON$ 和 Si_3N_4；金属薄膜 Al、W 和 Cu；半导体薄膜多晶硅；硅化物薄膜 $TiSi_2$、$TaSi_2$、$CoSi_2$、$NiSi_2$、TiN 和 TaN
Transferring equipment	搬运设备 在半导体器件制造过程中，将产品从一道工序搬运到下一道工序。天车搬运采用直线电动机，地面搬运采用 AGV（自动导引车）
Ultrapure water	超纯水 通过各种工艺去除颗粒、有机物和气体等杂质的极纯净水
Volatile	易失性 关闭电源时丢失已存储的信息

（续）

Wafer sort	晶圆分拣 根据产品标准确定在半导体基板上通过前一道工序制造出来的一些器件（集成电路、大规模集成电路、超大规模集成电路）是好的还是有缺陷的
Wet etching	湿法刻蚀 使用化学溶液部分或全部去除薄膜，使薄膜材料发生化学反应并溶解

附录 B　半导体缩略语解释

A/D、D/A	Analog to Digital converter、Digital to Analog converter，模数转换器和数模转换器，又称 ADC 和 DAC
AGV	Auto Guided Vehicle，自动导引车 也称为无人搬运车、无人搬运机器人，用于在无尘室内进行晶圆的工序间搬运
ALD	Atomic Layer Deposition，原子层沉积 在一个装有晶圆的腔室中，通过反复、短暂地提供和抽空含有待沉积薄膜材料的多种气体，一次沉积一层具有所需成分的原子层薄膜
AlGaP	Aluminum Gallium Phosphide，铝镓磷
AND	逻辑与
BEOL	Back End Of Line，后道工序 即用内部布线将前道工序中制作的器件相互连接起来的工序
CIM	Computer Integrated Manufacturing，计算机集成制造 在生产过程中充分利用计算机收集和分析数据（包括可视化）的系统，如设备控制、运输控制和过程控制
CIS	CMOS Image Sensor，CMOS 图像传感器
CISC	Complex Instruction Set Computer，复杂指令集计算机 一种用于计算机指令集的架构设计方法，其中硬件复杂但指令数量较少
CMP	Chemical Mechanical Polishing，化学机械抛光 晶圆被压在抛光垫上旋转，同时在晶圆上浇上抛光液，然后通过化学机械反应对晶圆进行抛光，使表面平坦化。CMP 有两种类型：基于绝缘体型和基于金属型
CODEC	COder + DECoder，编码器 / 解码器
CPU	Central Processing Unit，中央处理器 计算机的核心，执行各种算术运算
CT	Computed Tomography，计算机断层扫描 利用计算机辅助重建人体或身体其他部位图像的医疗设备

（续）

CVD	Chemical Vapor Deposition，化学气相沉积 原料气体注入装有晶圆的腔室，气体被热量或等离子体激发，引起化学反应，在晶圆上沉积出所需的薄膜。沉积出的薄膜包括各种绝缘薄膜、半导体薄膜和导体薄膜
CZ	Czochralski 法是最流行的单晶生长方法之一
DC/DC	Direct Current ／ Direct Current Converter，DC/DC 变换器 将直流电压变换为不同直流电压的设备
DRAM	Dynamic Random Access Memory，动态随机存储器 必须周期性地刷新以防内容消失的易失性随机读写半导体存储器
DSP	Digital Signal Processor，数字信号处理器 专门用于数字信号处理的微处理器
DX	Digital Transformation，数字化转型 通过数字技术的发展和渗透，"人们的生活将得到更好地改变"
EB	Electron Beam direct writing，电子束直接写入 直接电子束制造，无须使用掩模。主要缺点是产量低
EDA	Electronics Design Automation，电子设计自动化 用于支持半导体设计工作的硬件和软件的总和；开发和提供 EDA 工具的公司被称为"EDA 供应商"。它们提供并支持系统设计、逻辑综合与验证、布局设计和半导体电路验证，以及各种 CAD（计算机辅助设计）工具和模拟器等
eDRAM	增强动态随机存储器 在 CPU 系统中用于最接近主存储器的高速缓冲存储器，也称为嵌入式 DRAM 或混合 DRAM
EEPROM	Electrically Erasable Programmable Read Only Memory，电擦除可编程只读存储器
EUV	Extreme Ultra Violet，极紫外线 指使用 13.5nm 紫外线进行曝光。它是目前分辨率最高的光源
FEOL	Front End Of Line，前道工序 在晶圆上制造晶体管和其他器件的过程
FLASH	闪存 典型的非易失性存储器，有 NAND 和 NOR 两种类型
FPGA	Field Programmable Gate Array，现场可编程门阵列 内部逻辑配置可由购买者或设计者在生产后设置的门阵列
GA	Gate Array，门阵列 LSI 相当于易订货的产品，根据用户所需的功能，将布线连接到预先准备好的基本逻辑单元阵列上而制成
GaAs	Gallium Arsenide，砷化镓

（续）

GaN	Gallium Nitride，氮化镓
GPU	Graphics Processing Unit，图形处理器 专门用于图形处理的处理器，如 3D 图形处理器
IC	Integrated Circuit，集成电路 一种电路，其中许多晶体管和其他元器件通过内部布线相互连接，以提供某种电气功能
IDM	Integrated Device Manufacturer，垂直整合设备制造商 公司内部处理半导体器件设计、制造和销售的整个过程
IGBT	Insulated Gate Bipolar Transistor，绝缘栅双极型晶体管 IGBT 的主要部分包含一个 MOS 晶体管，用于功率控制（电源管理）应用
IGZO	Indium Gallium Zinc Oxide，氧化铟镓锌
InP	Indium Phosphide，磷化铟
IP	Intellectual Property，知识产权 具有连贯半导体功能的电路块设计资产；提供 IP 的公司被称为 IP 供应商或 IP 提供商
ITO	Indium Tin Oxide，氧化铟锡 透明半导体
LED	Light Emitting Diode，发光二极管 一种二极管，当在其两个端子之间施加正向电压时会发光
LSI	Large Scale Integration，大规模集成电路
MCU	Micro Controller Unit，微控制器 微控制器的功能和性能缩小到比 MPU 更小的规模
MCZ	Magnetic CZ，磁性 CZ 在强磁场作用下进行的 CZ 方法
MEMS	Micro Electro Mechanical System，微机电系统 在半导体芯片上包含传感器、执行器和电子电路的超小型设备
MODEM	MOdulation ＋ DEModulation，调制解调器 负责调制和解调功能的发射机 / 接收机，可相互转换来自个人计算机的数字信号和来自电话线等的模拟信号
MOS	Metal Oxide Semiconductor，金属 - 氧化物 - 半导体 最基本的场效应晶体管所使用的结构
MPU	Micro Processing Unit，超小型算术处理单元 执行计算机的基本操作，与 CPU 几乎同义，但 CPU 含义更广

（续）

MRAM	磁性 RAM 一种利用磁现象（电子自旋）的非易失性存储器
MRI	Magnetic Resonance Imaging，磁共振成像 一种利用强磁场和电场拍摄体内横截面图像的医疗设备
MSI	Medium Scale Integration，中规模集成电路
NAND	NOT+AND，即 AND 的否定逻辑。与 NOR 闪存相比，NAND 闪存的集成度更高， 位成本更低，因此适用于大容量存储应用
NFC	Near Field Communication，近场通信 短距离无线通信标准，只需将外围设备放在物体表面，即可与之通信的技术
OHS	Over Head Shuttle，天车穿梭车 使用线性电动机搬运晶圆的自动搬运设备
OHT	Overhead Hoist Transport，天车搬运系统 一种带有提升设备的运输设备，可在安装在无尘室天花板上的轨道上移动，并上下 移动晶圆
OR	逻辑或
OSAT	Outsourced Semiconductor Assembly&Test，外包半导体组装和测试服务 承担半导体后道加工并以合同方式生产半导体的公司
PCRAM	Phase Change RAM，相变存储器 利用电流（发热）引起的相变使电阻变化的 RAM
PD	Photo Diode，光电二极管 将光转换为电信号的二极管
PET	Positron Emission Tomography，正电子层析术 使用正电子探测的计算机断层扫描
PLD	Programmable Logic Device，可编程逻辑器件 可通过编程改变内部逻辑电路的集成电路的通用名称
PLL	Phase Locked Loop，锁相环 根据周期性输入信号进行反馈控制，并从单独的发射机输出相位同步信号的电路
PVD	Physical Vapor Deposition，物理气相沉积 溅射是 PVD 的一种典型方法，在这种方法中，用氩气（Ar）高速轰击由薄膜材料圆 盘制成的溅射靶，从溅射靶反冲出来的组成元素就会沉积在晶圆上，并形成薄膜
RISC	Reduced Instruction Set Computer，精简指令集计算机 计算机指令集的一种架构设计方法，硬件相对简单，但指令数量较多
RRAM	Resistive Random Access Memory，阻变式存储器 利用电流引起电阻变化的一种非易失性存储器

（续）

RTA	Rapid Thermal Annealing，快速热退火 将晶圆放置在一个内衬有多个红外灯的腔室中，通过开关红外灯的电流快速升高或降低温度，也称为灯退火
SnO_2	二氧化锡
SOC	System On Chip，片上系统 芯片上具有系统功能的集成电路
SOI	Silicon On Insulator，绝缘体上硅 在 $Si+SiO_2$ 衬底上粘贴一层薄的单晶硅基板
SRAM	Static Random Access Memory，静态随机存储器 不需刷新就可稳定保持所存内容的易失性随机读写半导体存储器
SSD	Solid State Drive，固态硬盘 一种存储设备，将 NAND 闪存当作磁盘驱动器
SSI	Small Scale Integration，小规模集成电路
TPU	Tensor Processing Unit，张量处理单元 谷歌开发的专门用于机器学习的人工智能芯片
TSV	Through Silicon Via，硅通孔 一种安装技术，通过在硅衬底的上下表面之间钻通孔并嵌入导电材料，实现半导体（集成电路）的 3D 结构
ULSI	Ultra Large Scale Integration，特大规模集成电路
VLSI	Very Large Scale Integration，超大规模集成电路
ZnO	Zinc Oxide，氧化锌